"十四五"职业教育国家规划教材

民航空中乘务专业系列教材

FLIGHT SERVICE SERIES

第5版

民航概论

黄永宁　张晓明　编著

U0241388

北京·旅游教育出版社

民航空中乘务专业系列教材
编 委 会

修订说明

民航空中乘务专业系列教材依据中国民航局关于空乘人员的素质、知识结构、能力要求开发和编写。作为全国首套针对空中乘务专业较为完善的系列教材，从2006年规划之初就一直坚持"探索教材体系、服务专业发展，创新教材内容、引领专业趋势"的指导思想。经过十几年的使用，本套教材得到了相关院校一线教师的充分肯定，获得了很好的口碑，对我国空中乘务专业的建设与人才培养发挥了重要作用。

我们欣喜地看到，在过去的十几年中，我国空中乘务专业办学层次不断提升，人才培养的内涵不断丰富，培养体系更加科学，在专业建设与教学改革方面取得了长足的进步。可以说，我国的空中乘务专业已经步入成熟发展时期。

此间，我们一直密切关注民航服务的实践，动态跟踪空中乘务专业的国内外发展趋势，不断深化对民航服务专业教育的认识。为适应未来民航服务国际化对人才培养的新要求，继续发挥本套教材对我国空乘服务专业教育的引领作用，完善教学体系和教学手段、丰富教学内容，提高教学的效率与质量，我们就教材在专业建设与人才培养中的实际效果以及毕业生在实际工作岗位上的职业发展进行了调研，在此基础上我们多次组织了工作在专业建设一线的空乘服务专业专家、教师对教材进行了修订，力图在教材的科学性、前瞻性和实用性方面有所创新，使这套空中乘务专业系列教材在未来的专业建设与人才培养方面发挥更大的作用。

本次教材修订我们主要遵循了以下原则：

1. 体现现代民航服务发展的趋势。《"十四五"民用航空发展规划》的发布全面开启了我国多领域民航强国建设的新征程。随着智慧民航建设新局面的拓展，民航服务学科的核心概念与外延正发生着变化。作为教材，必须反映这一发展趋势，摒弃传统的概念与思想，将智慧民航、绿色民航、民航安全等要素融入教材中，以发挥教材的导向作用，使教材的整体脉络更加科学、更具有前瞻性。

2. 提升教材的学科内涵。现今的空乘服务教育已从普通的专科教育为主，逐步走向本专科教育并存的格局，侧重点也开始从服务技能教育逐步向专注人才核心能力转变，学科的内涵逐渐凸显。为此，在本系列教材修订中我们适当融入了本科教学的理念，让教学内容更加体系化和饱满。

3. 教材编排模式向项目－任务式转变。项目－任务式教学模式是基于工作过程和岗位任职能力生成需要，把学习内容转化为以项目为载体、以任务为牵引的教学方式。通过强化学习者的主体地位，使学习者在完成任务的过程中，以体验、互动、合作的学习方式，感悟知识应用，形成技能技巧。这种方式更适用于职业教育教学的开展和教学目标的实现。

4. 理论与案例结合，着力于培育整体服务思想体系。空乘服务专业实践性很强，服务涉及的情境复杂，服务的艺术性凸显，教与学问题突出，理论的引领更需要案例的配合。为此，在本套教材修订过程中，除了进一步完善教材理论内容体系，还特别增加了案例的数量，并及时将最新的案例编入教材中，以为读者提供一个更为广阔的民航服务的"崭新空间"。

5. 从传统纸质教材向多媒体融合教材方向发展。我们在纸质教材的基础上，协同作者开发了配套的音频、实训视频、教学微课、延伸阅读、互动自测等多种形式的数字融媒体资源，并借助云存储及二维码链接技术进行线上呈现，极大丰富了课堂教学的形式，也更便于学习者自学。

6. 将课程思政有机融入，强调"立德"与"树人"并举。通过设定"素质目标"，或引入相关思政案例材料，来丰富教材的思政元素。

本套教材目前共有20个品种，涵盖了民航空中乘务专业的专业基础课、专业核心课及某些实训课，并在此基础上向航空运输大类方向有所拓展。另外，我们还策划出版了"现代航空物流管理系列教材"，可供学校根据专业方向进行选用。

高质量空乘服务人才的培养需要建立在科学的培养模式、学科建设、规范的课程体系以及合理的课程内容与有效的教学方法基础上。希望本套教材的修订再版能在优化民航空中乘务及相关专业培养方案、完善课程体系、丰富课程内容、传播交流有效教学方法方面尽一份绵薄之力。

对于教材使用中的问题，我们衷心希望能够得到广大师生的积极反馈及专家学者的批评指正，我们会全力以赴地不断提升教材的品质，以回报给予我们大力支持的广大师生。如有建议或疑问，欢迎发邮件至 wytep@126.com。

旅游教育出版社

第 5 版前言

改革开放以来，中国民航业的发展十分迅猛，中国民航运输年平均总周转量、旅客运输量、货物运输量等指标高速增长，发展速度高于世界民航运输业增长水平两倍以上，中国民航运输业成为拉动国民经济增长的朝阳产业。目前中国成为仅次于美国的民航运输大国。了解民用航空业的发展历史与现状，对于从事这个行业及即将进入这个行业的人士来说，都是十分必要的。为此，我们编写了《民航概论》这本教材，以期为民航相关专业及旅游专业的学生提供一个了解民用航空业的平台。

本教材初版于 2009 年，后分别于 2013 年、2016 年、2019 年进行了第 2 版、第 3 版和第 4 版修订。为了使教材能够跟上时代的需求，我们对其进行了第 5 版修订。在本版修订过程中，我们力求遵循《国家职业教育改革实施方案》的要求，融入职业技术等级标准，体现课程思政、立德树人的编写理念，同时将党的二十大报告中提到的交通强国、制造强国的精神融入教材编写中。本教材很荣幸连续入选了"十二五""十三五""十四五"职业教育国家规划教材。

本次修订除了更新民航运输生产的统计数据，还对教材内容进行了全面梳理，使其更加契合空中乘务专业岗位对应的工作领域、工作任务和职业技能要求；同时增加了"案例导入""案例分享""知识拓展""学习检测""实训与分享"等模块，丰富了教材内容和编写体例。其中，"案例分享""知识拓展""学习检测"模块均通过云存储二维码链接的形式呈现，读者扫码可用，力求将数字技术融入教材、融入课堂，实现课堂教学和学习方式的多元化。

修订后的教材采用项目–任务式编排，共分八个项目，内容涉及民用航空总论、飞机的一般介绍、飞行基本原理、空中交通管理、民用机场、民航旅客运输、民航货物运输以及客舱设备等方面的知识，涵盖了民用航空运输业的各主要组成部分。

本教材在编写过程中注重科普性、专业性与实用性的紧密结合，理论叙述简明扼要。通过对本书的学习，学生不仅能了解构成民用航空业的各个环节，而且能掌握民航运输发展的最新资讯。本教材力求让学生感觉民用航空业和自己并不遥远，激发他们从事民航业的理想。

本次修订由张晓明老师负责全书修订体例的设计和内容的审核，同时负责项目一、项目六、项目七和项目八的修订，徐恩华老师负责项目二、项目三的修订，李涵老师负责项目四、项目五的修订。本教材的编写和修订还得到了很多同事朋友的支持和帮助：广州民航职业技术学院民航经营管理学院罗亮生院长为教材提供了部分文字和图片资料，也提出了修改意见；河南航空货运发展有限公司的谷长宝先生提供了货物运输部分的案例和图片资料；同时我们还参考了中国民航局官网、民航资源网以及相关航空公司官网的内容，谨在此向他们表示诚挚的谢意。

本教材专门为空中乘务以及航空服务岗位群专业学生设计，同时也可作为旅游或其他服务类专业学生的选修教材或作为参考资料查阅。

民航业是一个处于不断发展中的行业，新规定、新趋势、新情况不断涌现，欢迎业内专家、读者向我们反馈对本教材的意见和建议，我们定会不懈努力去更新完善本教材，为读者提供一个更好的了解民用航空业的平台。

编　者

目　录

二维码教学资源列表

项目一
走近民用航空

项目导读

本项目作为全书的开篇，主要介绍了世界及中国民用航空运输的历史和发展、民用航空的定义和分类，让读者对民用航空运输有一个明晰的概念和认识。

学习目标

知识目标：了解民用航空的发展历史与不同阶段的特点；了解民用航空的定义及与军事航空的区别。

技能目标：比较中国与世界民用航空运输的发展；了解当今民用航空运输的发展趋势以及中国由民航大国向民航强国推进的战略构想。

素质目标：树立全民航、大民航的职业观。

📄 案例导入

古老神话变现实

在现代五种交通运输方式中，无论是出于速度还是舒适程度考虑，人们出行通常会首选航空运输。航空运输从无到有，给人类的交通出行带来了极大的便利。

我们可以简单回顾下古代的交通状况：250 年前，西藏活佛达赖六世为了拜见清朝乾隆皇帝，从拉萨出发到进北京用在路上的时间是整整的 3 年！达官贵人远行外出尚且如此艰难耗时，一般老百姓就更不敢奢望了。至于谈到外出

旅游，那就更想也不敢想了，富贵之人骑马乘轿，穷书生只好用脚板走路，连伟大的唐代诗人李白面对艰难的蜀道也不得不发出"蜀道难，难于上青天"的感叹。其实人类上了"青天"以后，别说是蜀道，再远的地方走起来也不难了。今日从拉萨到北京，空中飞行时间仅3小时。现代的航空运输彻底改变了人类在交通问题上的困顿！

古代传说费长房有缩地之术，能把千里变咫尺。现在凡是乘飞机旅行的人，都会"缩地术"，地球上最远的两点之间不超过2万公里，现代化喷气客机在20小时之内即可飞完全程，这不就相当于缩地术吗？

航空运输缩短了距离，使人类自身的活动范围得到了极大的扩展，全面地促进了各国之间、各地之间的政治、经济和文化等领域的发展，人类生活也因此变得更加丰富多彩。

（资料来源：民航百科，中国民用航空局官网．）

任务一　了解民用航空的基本概念

飞行是人类有史以来就不断追求的一个夙愿，空中翱翔的鹰，扑翼飞行的鸟，花间嬉戏的蝴蝶，甚至天上飘浮的白云，都足以引起人们对飞行的向往。在古代，人们虽向往神秘莫测的天空，却上天无路，只能寄托于神话般的幻想，远古的人们在艺术、宗教和神话中不断渲染着这个美丽又遥不可及的梦。中国古代民间传说中的牛郎织女、嫦娥，小说《封神演义》里的雷震子，《西游记》中的孙悟空等人物的腾云驾雾；古希腊神话中伊卡洛斯的飞行；阿拉伯有名的传说《一千零一夜》中的"飞毯"都寄托着人类对浩瀚蓝天的向往和对飞行的渴望。这些有关飞行的神话传说不仅丰富了古代人类社会的文化，也孕育了后代航空航天技术的萌芽，人类征服天空的历史正是从神话传说开始的。从中国的风筝、木鸟、竹蜻蜓到西方人用鸡毛做成双翼的飞行尝试，人类经历了无数的失败，从古代的飞行传说到人类第一次借助热气球升空，中间经历了几千年漫长的历程。

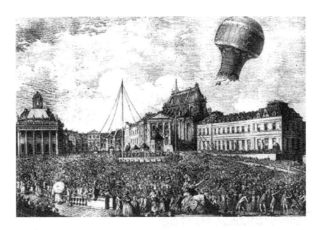

图 1-1-1　热气球升空

1783 年 6 月 5 日在法国的安纳内，约瑟夫和艾堤安·蒙哥尔菲埃放飞了第一个氢气球，正是从那个历史时刻开始，人类在航空上迈出了现实的第一步。近代科学技术的发展使人类征服太空的梦想成为现实，人类实现飞行的愿望成为 20 世纪最伟大的科学技术成就之一。1903 年 12 月 17 日，美国的莱特兄弟的"飞行者"号飞机的飞行试验，翻开了人类飞行史崭新的一页，人类自此进入新的航空时代。

图 1-1-2　莱特兄弟和"飞行者"号飞机

今天的航空业已发展为航空制造业、军事航空和民用航空三个相对独立的部分。

航空制造业主要是指航空器制造业。航空技术是人类在认识自然、改造自

然过程中，发展最迅速、对人类社会生活影响最大的科学技术之一。航空制造业应用的航空技术是衡量一个国家科学技术、国防力量和综合实力水平的重要标志。

军事航空是指使用航空器从事军事活动。《巴黎公约》第31条规定，为了一定的目的，专门派军事人员操纵的航空器被认为是军用航空器，军用航空器的一切活动均属于军事航空范畴。

民用航空则是指使用航空器从事民间性质的活动。

一、民用航空的定义和分类

民用航空是指使用各类航空器从事除了军事性质（包括国防、警察和海关）以外的所有的航空活动。这个定义明确了民用航空是航空的一部分，同时以"使用"航空器界定了它和航空制造业的界限，用"非军事性质"表明了它和军事航空的不同。民用航空主要分为两部分，即商业航空和通用航空。

（一）商业航空

商业航空也称为航空运输，是指以航空器进行经营性的客货运输的航空活动。它的经营性表明这是一种商业活动，以营利为目的。它又是运输活动，这种航空活动与铁路、公路、水路和管道运输共同组成了国家的交通运输系统。尽管航空运输在运输量方面与其他运输方式比是较少的，但由于其快速、远距离运输的能力及高效益的特点，航空运输在总产值上的排名不断攀升，并且在经济全球化的浪潮中和国际交往方面发挥着不可替代的、越来越大的作用。

（二）通用航空

航空运输作为民用航空的一个部分划分出去之后，民用航空的其余部分统称为通用航空，因而通用航空包括多项内容，范围十分广泛，大致可分为下列几类：

（1）工业航空：包括使用航空器进行与工矿业有关的各种活动，具体的应用有航空摄影、航空遥感、航空物探、航空吊装、石油航空、航空环境监测等。在这些领域中，利用航空优势，可以完成许多以前无法进行的工程，如海上采油。

（2）农业航空：包括与农、林、牧、渔各行业有关的航空服务活动。其中如森林防火、灭火、撒播农药。

（3）航空科研和探险活动：包括新技术的验证、新飞机的试飞以及利用航空器进行的气象天文观测和探险活动。

（4）飞行训练：除培养空军驾驶员外培养各类飞行人员的学校和俱乐部的飞行活动。

（5）航空体育运动：用各类航空器开展的体育活动，如跳伞、滑翔机、热气球以及航空模型运动。

（6）公务航空：大企业和政府高级行政人员用单位自备的航空器进行的公务活动。

（7）私人航空：私人拥有航空器进行的航空活动。

通用航空在我国主要指前五类，后两类在我国才开始发展，但在一些航空强国，公务航空和私人航空所使用的航空器占通用航空的很大部分。

二、民用航空系统的组成部分

民用航空从组织体系上由三大部分组成：政府部门、机场系统、航空器使用部门。

（一）政府部门

民用航空业对安全的要求高，涉及国家主权和交往的事务多，要求能够迅速协调和统一调度，因而几乎各个国家都设立独立的政府机构来管理民航事务，我国是由中国民用航空局来负责管理。政府部门管理的内容主要是：制定民用航空各项法规、条例，并监督这些法规、条例的执行；对航空企业和民航机场进行规划、审批和管理；对航路进行规划和管理，并对日常的空中交通实行管理，保障空中飞行安全、有效、迅速地实行；对民用航空器及相关技术装备的制造、使用制定技术标准并进行审核、发证，监督安全，调查处理民用飞机的飞行事故；代表国家管理国际民航的交往、谈判，参加国际组织的活动，维护国家的利益；制定民航的各类专业人员工作标准，培训民航工作人员，并

进行考核，颁发执照。

（二）机场系统

机场系统指供民用航空器起飞、降落、滑行、停放以及进行其他活动使用的划定区域，包括附属的建筑物、装置和设施。民航机场是民用航空和整个社会的结合点，也是一个地区的公众服务设施。因此，民航机场既带有营利的企业性质，同时也带有为地区公众服务的事业性质，因而世界上大多数民航机场是地方政府管辖下的半企业性质的机构。除此以外，机场还有国家和地区门户的作用，需要配备很多服务设施，为飞机、旅客和货物的安全提供服务。主要为航空运输服务的机场称为"航空港"，简称"空港"，使用空港的一般是较大的运输飞机，空港要有为旅客服务的区域（候机楼）和相应设施。2019 年，我国民航运输机场完成旅客吞吐量 13.52 亿人次，货邮吞吐量 1710.01 万吨，其中年旅客吞吐量 100 万人次以上的机场达 106 个。

（三）航空器使用部门

图 1-1-3 空港

航空器使用部门既包括各个航空运输企业，也包括使用飞机做通用飞行的单位和个人，以及为他们提供服务的其他行业。它们掌握航空器并从事生产运输，是民航业生产收入的主要来源。其他类型的航空企业，如油料、航材、销售等，都是围绕着运输企业开展活动的。航空公司的业务主要包括航空器的使用（飞行）、维修、管理以及销售经营。截至 2019 年年底[①]，我国共有运输航空公司 62 家，其中国有控股公司 48 家，民营和民营控股公司 14 家。在全部运输航空公司中，全货运航空公司 9 家，中外合资航空公司 10 家，上市公司 8 家。

---

① 注：民航业近几年受新冠疫情影响较大，因此教材在本次修订中所援引的数据未列举 2020~2022 年的统计数据，仅列举到了 2019 年年底的数据。下面此种情况不再一一说明。

任务二　了解民用航空的历史和发展

一、民用航空的萌芽

自从 1903 年 12 月 17 日美国的莱特兄弟发明飞机后，不到十年的时间，试图使飞机应用于航空运输的努力就已经开始了。

飞机货运飞行始于 1910 年 11 月 7 日，美国飞行员菲利普·帕马利（Philip Parmalee）受莫尔豪斯貂皮公司的委托，驾驶莱特 B 型双翼机，将一批丝织品从代顿（Dayton）运往哥伦布（Columbus）开展促销活动。这可以算作第一次飞机货运。

首次飞机邮政飞行始于 1911 年 2 月 22 日（也有说是 20 日），英国皇家海军中校温德姆（Walter G. Windham）请法国飞行员亨利·佩凯（Henry Pequet）驾机，把一批信件从印度的阿拉哈巴德市（AUahabad）带往奈尼·章克申（Naini Junction）。每封信附加航空邮费约合 2.5 便士。

图 1-2-1　1910 年 11 月第一次货运飞行

图 1-2-2　1911 年 2 月首次邮政飞行

首次飞机航班飞行始于 1914 年 1 月 1 日，美国著名长途飞行员托尼·贾

纳斯（Tony Jannus）驾驶伯努瓦（Benoist）号水上飞机，载一名乘客，从彼德斯堡（St. Petersburg）飞往坦帕（Tampa）。航线全长 31 千米，航行时间约 20 分钟。

图 1-2-3　1914 年 1 月 1 日第一次航班飞行

二、早期的民用航空

在第一次世界大战以前，欧洲已经进行了一些民用航空飞行的尝试，在英国出版的一本名为《飞行》的书中，作者写道："飞机将首先使欧洲，而后使全球联结在一起；国与国之间将成为紧密无间的近邻。最终将证明对天空的征服是人类最伟大和最值得骄傲的业绩——穿梭于世界范围的空中航路，将会像跨越国界的铁路一样方便。"这一段精辟预言，经过 4 年多的大战之后，开始变为现实。1914 年第一次世界大战爆发，大部分民用航空飞行都被迫停下来，各国的航空技术力量都集中起来为战争服务，战争使得大量的人力和物力集中到航空领域，短短的四年间，航空技术有了突飞猛进的发展。在战前，飞机可以说尚处在实验阶段，但当战争结束时，飞机已成为现代战争中不可缺少的武器，它的运载能力、飞行速度有了很大提高。飞机生产能力也大大增长，从战前的每年几十架达到战后的数千架甚至上万架。

第一次世界大战结束后，新生的航空工业遭遇了第一次打击。一方面是战时遗留下了大量的军用飞机；另一方面是战时形成的过剩生产能力。过剩危机使欧洲航空事业陷入了困境。但也正是在这个时候，欧洲和美国航空企业和飞行员开始了民用航线的开辟工作。经过几年的努力，遍布欧美的空中航线网基本建成，同时欧洲一些强国政府极力支持民用航空的发展。在 1919 年的巴黎和会上，法国政府建议草拟一个航空公约作为巴黎和约的一部分，后来有 38 个国家签署这一条约，被称为巴黎公约，这是世界上第一部国家间的航空法。1919 年年初德国首先开始了国内的民航运输，同年 8 月英法开通了定期的空中客运，民用航空的历史正式揭开了。随后欧洲的几个航空公司组建了国际航空运输协会（International Air Transport Association，IATA），这个协会的目的是促进国际航空的发展和使乘客感到方便，不久欧洲又建立起联系各国的航空网，1919 年成为民用航空正式开始的一年。

20 世纪 20 年代初，欧洲各国创办的航空公司犹如雨后春笋，英国先后成立了 4 家航空公司，而在法国同类公司有 5 家之多。1921 年，苏俄开始了不定期航班飞行。从 1919 年到 1939 年这 20 年间是民用航空初创并发展的年代，此间民用航空迅速从欧洲发展到北美，然后普及亚非、拉美各洲，并迅速扩展到全球各地。中国也在 1921 年建立了第一条航线。

民航最初使用的飞机大多是由军用飞机改装而成的。如英国的 D.H.4 型轰炸机，将射击员座舱封闭后，再加上两把相对而坐的椅子，就变成了伦敦至巴黎航线上的民航班机；法国的哥利亚（Goliath）双翼、重型轰炸机，也被改装成为载客 12~20 人的客机，并投入巴黎至伦敦和布鲁塞尔的航线使用。

图 1-2-4　哥利亚（Goliath）轰炸机改装成的客机

第一次世界大战结束时，德国是唯一拥有民航飞机的专门设计机构的国家。他们生产的容克斯（Junkers）F13（官方命名为 D.1）型飞机是世界上第一种全金属结构的民航飞机，装有 1 台 185 马力（138 千瓦）的 BMW 型发动机，可以乘载 4 名乘客，飞行速度 140 千米 / 小时。到 1923 年，该机共生产 322 架。

图 1-2-5　容克斯（Junkers）F13 型飞机

1930 年波音公司已经开始研制全金属客机，这就是航空史上著名的波音 247 型客机。波音 247 是第一架真正现代意义上的客机。它具有全金属结构和流线型外形，起落架可以收放，采用下单翼结构；机上装有两台功率为 410 千瓦的发动机，巡航速度 248 千米 / 小时，航程 766 千米，载客 10 人，并可装载 181 千克邮件；机上座位舒适，设有洗手间，还有一名空中小姐。

波音 247 于 1933 年首次试飞成功。由于机上乘坐条件大大改善，所以很受航空公司欢迎，共售出 70 架，仅联合航空公司一家就订购了 60 架。这笔当时世界上最大的客机交易，使波音公司的生产线在一年内都处于饱和状态而无暇应付其他公司订货并由此引出了一个强大的竞争对手 DC 系列飞机。

从 1933 年 7 月 1 日开始，DC-1 进行了为期 6 个月的试飞，各项指标均达到要求，取得了巨大的成功，特别是单发起飞、飞行和降落在当时是十分出色的，这足以证明 DC-1 是一架好飞机。然而面对 DC-1 的卓越表现，环球公司却举棋不定，原因是波音 247 此时已经投入航线，效果很好。环球公司倾向于首先订购一批波音 247 飞机。但是，波音公司由于正忙于为联合航空公司生产波音 247 飞机，拒绝了环球公司的订货要求。在这种情况下，环球公司买下了试飞的 DC-1，并订货 20 架，但要求将座位数增加到 14 个。这个改进的飞机就是 DC-2。它的机身比 DC-1 略长，发动机功率增加到每台 567 千瓦，航程仍为 1600 千米，巡航速度略低于 DC-1，为 300 千米 / 小时。

图 1-2-6　波音 247 型客机

　　1935 年年底，道格拉斯公司生产了拥有 21 个座位的 DC-3 客机。DC-3 装有两台功率为 895 千瓦的发动机，巡航速度达到 331 千米 / 小时，航程为 3400千米。其载客量根据不同飞行距离和舒适程度可按 21~28 人布置，最多时可达32 人。由于载容量较 DC-2 增加了 50%，从而大大降低了按每座千米计算的运行成本，一举改变了航空公司经营客运亏损的局面，使民用航空客运业务可以不需补贴就能独立发展。这是民用航空确立自己在商业上的地位的关键一步。正如美洲航空公司总裁所说："DC-3 是第一架使客运也能赚钱的飞机。"1938 年后，DC-3 成为美国航空公司干线运输的主力机型。道格拉斯公司飞机占领了美国客机市场的 80% 以上。客运成本的降低，刺激了美国航空客运的发展。航空客运量自 1937 年后直线上升，1939 年达到 300 万人次，1940 年达到 400 万人次。

图 1-2-7　DC-3 是第一架使客运也能赚钱的飞机

　　DC-3 的问世是民用航空史上一个重要的里程碑。DC-3 自 1935 年问世以来，共生产了 13 000 余架，成为历史上产量最高的民航机种，在民航史上的地位也是空前的。它不仅使民航终于在世界范围内确立了地位和声誉，还通过建立立体化交通运输体系使世界面貌发生了根本性变化。

三、第二次世界大战结束后高速发展的民航运输

第二次世界大战（以下简称"二战"）的结束带来民用航空运输的兴旺发达。1946 年，全球空运旅客达 1800 万人次，其中 2/3 是美国国内航空公司运送的。"二战"时期遍布世界各地的大型机场为战后民航的迅速发展创造了条件，特别是喷气发动机的出现和应用，为民航客机喷气化奠定了基础。

喷气飞机早在 1939 年便诞生了。"二战"末期和"二战"后不久，英、美、苏等国就将喷气战斗机和喷气轰炸机推向了实用化。那么，喷气发动机能否用于民航客机呢？喷气发动机的故乡英国给出了答案。英国德·哈维兰公司研制的"彗星"式喷气客机表明，喷气发动机不仅可以用于客机，而且还能带来革命性的变化：飞行速度更快，飞行高度更高，乘坐更加舒适，航程更远，载客量更大。喷气式民航客机投入使用是民航技术的一次飞越，不仅使民航飞机的速度提高了一倍，而且使飞行高度提高到 11 千米左右的平流层，增加了安全性和舒适性。

1949 年 7 月 27 日，英国试飞成功第一架喷气式民航客机"彗星"（Comet）型。不过，在 1953 年 5 月 2 日至 1954 年 4 月 8 日之间，投入使用的"彗星"飞机接连发生事故。一架在印度加尔各答起飞后坠毁，另两架在地中海上空飞行时神秘失踪。后来的调查发现：喷气式客机的密封机舱在飞行高度变化时，不断受到增压和减压会产生金属材料疲劳效应，并最终导致飞机在空中解体。几次重大事故虽然没有葬送喷气式客机的命运，但却彻底毁掉了德·哈维兰公司。到 20 世纪 50 年代末，公司因缺少订货而难以为继，1959 年 12 月 17 日，德·哈维兰公司与霍克·希德利公司达成了合并协议。从此，德·哈维兰公司的名字在英国消失了。

苏联制造成功的第一架喷气式客机是著名的图波列夫设计局研制的"图 -104"客机，它是在中程轰炸机"图 -16"的基础上改进而成的。该机于 1954 年开始制造，1955 年 6 月 17 日第一次试飞成功，1956 年 9 月投入航线使用，成为 20 世纪 50 年代末 60 年代初苏联民航的主力干线客机。图 -104 装有两台涡轮喷气发动机，可以搭载旅客 50 人。与"彗星"号相比，"图 -104"有许多不足，如耗油率高、机内装修差、起降性能不好等。

图 1-2-8 第一架喷气式民航客机 "彗星" (Comet) 型飞机

使喷气式客机真正得到全世界的承认,并且被公认是商业上最为成功的干线喷气式客机的是美国波音公司生产的波音 707 客机。这倒并非是因为波音在技术上与 "彗星" 号和 "图-104" 有什么根本的不同,而是由于它在每个技术细节上都做得相当成功,从而形成了综合的优势。

图 1-2-9 波音 707 飞机

1958 年美国的波音 707 和 DC-8 进入航线,喷气航空的新时代开始了。作为喷气航空的代表机种,波音 707 的速度为 900~1000 千米 / 小时,航程可达12 000 千米,载客 158 人。这就使得民用航空由一个国家或一个大陆内的少量人使用的运输手段,成为一个全球性的大众化运输行业,极大地促进了全球的交通发展,也使航空运输成为国际运输的主要部分和国内运输的重要组成部分。

四、民航的大众化时期

喷气飞机进入民航,使整个民航运输发生了根本的变化,民用飞机喷气时

代是民航发展的一个新阶段，它标志着民航进入了全球大众化运输的新时代。以飞机为运输手段，实现旅客、货物发生空间位移已经成为社会政治经济活动和人类生活的重要组成部分。

喷气飞机的出现，使得远程、大众化和廉价的航空运输成为可能，在巨大的需求和利润驱使下，航空公司积极开拓市场，参加国际竞争。在发达国家出现了大量航空公司，并最后形成了数十个大型的航空公司。发展中国家也把参与国际航空市场作为国家尊严和地位的象征，全力支持国家航空公司的发展，航空运输市场一片繁荣。而航空运输市场的快速增长又刺激了航空工业的发展，载客量越来越大、技术越来越先进的飞机不断投入市场，空客公司制造的 A380 客机正常载客数为 555 人，但如果对内部结构稍加修改，载客数可增加至 840 人。"梦幻客机（Dreamliner）"B787 是航空史上首架超远程中型客机、中型双发动机宽体中远程运输机。客机大量采用复合材料，有着低燃料消耗、较低的污染排放、高效益及舒适的客舱环境等优势，可实现更多的点对点不经停直飞航线。同时航空公司不断采用新的市场营销策略，改进管理手段，提高服务质量。2011 年 10 月 15 日，空客向南航交付中国首架 A380 飞机。南航成为中国首家、全球第七家运营空客 A380 飞机的航空公司。目前南航共有 5 架 A380，主要经营北京和洛杉矶航线。2014 年 6 月 18 日，B-2788 号（飞机注册号）平稳降落在广州白云国际机场，至此南航与波音签订的 10 架波音 787 飞机全部到位，南航成为目前国内规模最大的波音 787 飞机运营商。

知识拓展 1-1

典型客机机型
介绍——A380

知识拓展 1-2

典型客机机型
介绍——B787

知识拓展 1-3

典型客机机型
介绍——C919

根据中国民航行业发展公告，截至 2019 年年底，全行业完成运输总周转量 1293.25 亿吨公里，其中旅客周转量 11705.30 亿人公里，货邮周转量 263.20 亿吨公里，分别比上年增加 7.2%、9.3% 和 0.3%。全民航在册飞机总架数 3818 架，比上一年增加 179 架。共有颁证运输机场 238 个，比上年增加 3 个。2019 年，北京首都机场完成旅客吞吐量 1.00 亿人次，连续 10 年位居世界第二；上海浦东机场完成货邮吞吐量 363.42 万吨，连续 12 年位居世界第三。

为满足不断增加的航线和快速增长的客流、货流的需要，各国不停地改造旧机场，兴建新机场，建立以大城市为中心的枢纽机场，不断改造和更新空中交通管制系统。机场越来越大，设施和管理手段越来越先进，环境和服务质量也越来越好，星罗棋布的航线连接世界各地。北大西洋航线是连接欧洲与北美之间的最重要的国际航线，它集中分布于中纬度地区的北大西洋上空，来往于欧洲的伦敦、巴黎、法兰克福、马德里、里斯本和北美的纽约、费城、波士顿、蒙特利尔等主要国际机场之间，它是目前世界上最繁忙的国际航线；北太平洋航线是连接北美和亚洲之间的重要航线，它穿越浩瀚的太平洋以及北美大陆，东起北美大陆东岸的蒙特利尔、纽约等地，横穿北美大陆，从西海岸的温哥华、西雅图、旧金山、洛杉矶等地飞越太平洋，西到亚洲东部的东京、北京、上海、香港、曼谷、马尼拉等城市，是世界上最长的航空线；欧亚航线则是横穿欧亚大陆连接大陆东西两岸的重要航线，又称西欧—中东—远东航线，它对东亚、南亚、中东和欧洲各国之间的政治、经济联系起着重要作用。航线最密集的地区和国家为欧洲、北美、中东、日本等地。航线最繁忙的海域为北大西洋以及北太平洋。我国航线网络不断扩大，截至 2019 年年底，我国共有定期航班航线 5521 条，其中国内航线 4568 条（其中港澳台航线 111 条），国际航线 953 条，国内通航城市 234 个（不含香港、澳门、台湾），国际定期航班通航 65 个国家的 167 个城市，内地航空公司定期航班从 30 个内地城市通航香港，从 19 个内地城市通航澳门，大陆航空公司从 49 个大陆城市通航台湾地区。

任务三　了解中国民航运输的历史和发展

一、新中国民航的建立

中华人民共和国成立后，新中国民航经历了从无到有，由小到大，由弱到强的不平凡的发展历程。特别是 1978 年党的十一届三中全会以来，中国民航

事业在航空运输、通用航空、机群更新、机场建设、航线布局、航行保障、飞行安全、人才培训等方面都持续快速发展，取得了令人瞩目的成就。目前，在国际民航组织 191 个成员国中，我国的航空运输总周转量排名已经上升到世界第二位，成为仅次于美国的世界第二航空运输大国。

（一）成立民用航空局

1949 年 11 月 2 日，中共中央做出建立民航事业的决定，在人民革命军事委员会下设立民用航空局。1950 年 1 月 20 日，人民革命军事委员会民航局改称为军委民用航空局，简称民航局。

（二）两航起义

1949 年 11 月 9 日，国民党政府所属的中国航空公司总经理刘敬宜、中央航空公司总经理陈卓林代表两公司 4000 余名员工在香港宣布起义，接受中华人民共和国中央人民政府的领导，并于当日率 12 架飞机成功飞抵北京、天津。载有刘敬宜、陈卓林等人的康维尔 -240 型飞机降落北京，其余 11 架飞机飞到天津机场。两航起义北飞后，到 1950 年年底，累计共有 1725 名两航起义员工及 2474 名眷属返回内地，抢运回国设备及器材 1 万余件（箱）。两航起义的成功震惊中外，两航起义北飞的飞机和器材、设备等，为新中国民航事业及航空工业发展打下了重要的物质基础，特别是回归祖国的人员，成为相当一段时间内一支主要技术业务骨干力量，对新中国民航事业的建设进程有着重大深远的影响。

图 1-3-1　两航起义的 C-47 型运输机

（三）中苏民航公司的成立及早期航线网

1950 年 3 月 27 日，中苏两国签订《关于创办中苏民用航空股份有限公司的协定》。1950 年 7 月 1 日正式成立中苏民航公司，开辟北京至赤塔（经沈阳和哈尔滨）、北京至阿拉木图（经西安、兰州和乌鲁木齐）、北京至伊尔库茨克（经乌兰巴托）三条国际航线，使用飞机为里-2 型。中苏民航公司的成立，打破了西方对中国对外航空交通的封锁，使新中国民航初步建立起民用航空管理体系，拥有了比较完善的技术装备，培训了一批技术干部和业务人员。1954年 12 月公司关闭，苏方股份转交中国。1955 年 7 月，新中国第一个国营航空运输企业中国人民航空公司在天津成立，虽然经营业务有所发展，但只存在11 个月就被撤销了。

二、新中国民航运输的发展

（一）第一个五年计划的民用航空

新中国民航初创时，仅有 30 多架小型飞机，年旅客运输量仅 1 万人次，运输总周转量仅 157 万吨公里，基础相当薄弱。"一五"时期民航的基本任务是争取满足国家生产、商品交流和政治文化日益发展对航空运输的需要，在经济上争取少赔、不赔而逐渐达到稍有盈余。

第一个五年计划期间，初步建立起以北京为中心的连接全国各主要城市的国内航线网，开辟了 4 条国内主要干线：北京—齐齐哈尔，北京—广州，北京—上海，北京—武汉—南京—上海。通用航空在工农业生产和基本建设中初步显示其特殊作用，服务范围有防火护林、航空摄影、航空探矿、防治农作物病虫害、抢险救灾等。

（二）新中国民航管理体制的变化

1954 年 11 月 10 日，中央决定将"中央人民政府人民革命军事委员会民用航空局"更名为"中国民用航空局"，直属国务院领导；1958 年 2 月 27 日，国务院将中国民用航空局划归交通部领导；1962 年 4 月，第二届全国人民代表大会常委会第 53 次会议决定"交通部民用航空总局"改称为"中国民用航空总局"，由交通部属局改为国务院直属局；1969 年，国务院、中央军委决定把民航划归中国人民解放军建制，成为空军的组成部分，各项制度按军队的执行。

由于中国民航在发展中管理体制的变化，特别是采用军队建制后，航空运输发展速度较慢，到 1978 年，航空旅客运输量为 231 万人次，运输总周转量

3亿吨公里，在世界民航运输组织成员国中排名第37位。

（三）改革开放以来，民用航空迅猛发展

中国共产党十一届三中全会以后，中国民航执行改革开放的方针政策，取得了举世瞩目的成就。1980年3月5日，中国民航脱离军队建制，中国民航局从隶属于空军改为国务院机构，实行企业化管理，在管理体制上开始进行重大改革。1980年全民航拥有140架运输机，多数是20世纪40年代或50年代生产制造的苏制伊尔-14等小型飞机，载客量20~40人，载客量100人以上的中大型飞机只有17架，全国有民航机场79个。1980年，中国民航全年旅客运输量仅343万人次，全年运输总周转量4.29亿吨公里，居新加坡、印度、菲律宾、印度尼西亚等国之后，列世界民航第35位。

图1-3-2　波音747

管理体制改革之后，中国民航事业的发展速度迅速加快。1980年，中国民航购买了波音747SP型宽体客机；1983年，波音747-200、波音737、MD-80型客机到货；1985年至1987年，中国民航又相继购买了波音767、波音757、空中客车A310等型飞机100多架，使中国民航运输飞机达到国际先进水平，拥有各种型号飞机402架，其中起飞全重60吨以上的运输机104架。

加快航空运输企业和机场建设，航空运输业务量迅速增长。国家鼓励和支持各航空公司的创建，发挥中央部门和地方政府兴办航空运输的积极性，新成立了一批航空运输企业；在全国范围内加快了机场建设速度，航空运输业务量大幅度提高。至1987年，中国民航共开辟航线327条，通航里程387102公里，比1978年增长1.6倍；航空运输总周转量达到20.2亿吨公里，旅客运输量和货物邮件运输量为1310万人次和29.87万吨，分别比1978年增长了5.8倍、4.6倍和3.6倍。

通用航空的应用范围不断扩大，业务量得到较大增长。生产范围除继续保

持航空遥感、航空摄影、航空物探、航空护林、航空播种和航空化学作业外，主要增加了陆上和海上石油勘探服务及空中游览等项目。组建了一个工业航空服务公司、两个直升机公司和14个为农林业服务的飞行大队和独立中队，拥有15个型号的通用航空飞机238架。

加强技术人才的培训，满足民航发展需要。中国民航根据形势需要，1981年8月将1963年成立的民航机械专科学校改为中国民用航空学院，将中国民航飞行专科学校（原"空军第十四航空学校"）改为"中国民航飞行学院"。1984年8月以中国民航干部学校为基础组建了中国民航管理干部学院，同时在全国民航范围内设立10多所中等专科学校、技工学校和中等职业专科学校。从1977年到1987年，民航各类院校共培养各类空、地勤技术人员8802名，相当于全民航1987年职工总数的14.2%，基本满足了民航发展需要。

（四）全面实现企业化改革，中国成为世界民航大国

1987年1月，国务院批准中国民用航空局上报的《民航系统管理体制改革方案和实施步骤的报告》，1987年4月正式实施。方案主要原则是政企分开，简政放权。把原政企合一的地区管理局中的政府职责部分从中分离出来，组建专一的行政机构——民航地区管理局及下设的省民航管理局；把其中各类属于企业或事业性质的单位独立出来，组成实体，使其成为具有法人资格的自主经营、自负盈亏的经营管理单位，如航空公司、机场公司、航空油料公司等。

1987年对民航业进行以航空公司与机场分设为特征的体制改革，全民航政企分开的新的管理体制和格局逐步形成。组建后的六家国有骨干航空公司，实行自主经营、自负盈亏、平等竞争。这六家国家骨干航空公司分别是中国国际航空公司、中国东方航空公司、中国南方航空公司、中国西南航空公司、中国西北航空公司、中国北方航空公司。以经营通用航空业务为主，兼营航空运输业务的中国通用航空公司于1989年7月成立。新成立的民航华北、华东、中南、西南、西北和东北六个地区管理局领导管理各民航省（区、市）局和机场，中国民航空中交通管理局、中国航空油料总公司及地区公司、中国航空结算中心、中国民航计算机中心等单位也相继成立。独立运营的机场有北京首都机场、上海虹桥机场、广州白云机场、成都双流机场、西安西关机场和沈阳桃仙机场。

　　国家社会经济的发展和民航体制的改革，推动中国民航进入一个新的发展时期。自 1988 年后，中国民航航空运输总周转量在相当长一段时间内保持着 20% 左右的年递增量，这种发展速度在世界上是少有的。其在世界的排名位次，由 1978 年的第 37 位上升为 1991 年的第 15 位，到 2002 年年底则上升为第 5 位（165 亿吨公里）。2005 年，在国际民航组织 189 个成员国中，我国的航空运输总周转量排名已经上升到世界第 2 位。2019 年 9 月 28 日，中国在国际民航组织第 40 届大会上第六次高票连续当选一类理事国。中国航空运输市场的规模和整体实力已经达到世界先进水平，中国成为世界上名副其实的航空大国。

　　通过大量引进国际上先进的空中客车和波音飞机，中国民航运输机队实现了与国际民航最先进技术的同步发展。截至 2019 年年底，民航全行业运输飞机期末在册架数 3818 架，绝大部分为现代化大型客机，技术新，机龄短，经济性能好，在很大程度上提高了飞行的安全性、舒适性和经济性。同时，飞机维修设施设备和技术建设得到加强，飞机维修能力达到国际先进水平。

　　中国民航加大了机场、空管系统投资建设力度，以适应新型客机起降要求，满足日益发展的航空运输需要。从 1988 年开始，共新建上海浦东、广州白云、沈阳桃仙、武汉天河、桂林两江等 40 多个大型国际机场，改建扩建了近 60 个大型机场，同时还建设和改造了一大批小型机场。截至 2019 年年底，全国共有民用运输颁证机场 229 个，其中年旅客吞吐量 1000 万人次以上的运输机场 39 个，其中北京、上海和广州三大城市机场旅客吞吐量占全部境内机场旅客吞吐的 22.4%。年货邮吞吐量 1 万吨以上的运输机场 59 个，其中北京、上海和广州三大城市机场货邮吞吐量占全部境内机场货邮吞吐量的 46.5%；北京首都机场完成旅客吞吐量 1.00 亿人次，居亚洲第一位、世界第二位，上海浦东机场完成货邮吞吐量 363.42 万吨，居世界第三位。所有省会、直辖市、自治区首府及沿海开放城市和主要旅游城市都拥有了设施较齐全的民用机场，一些边远地区也拥有了相应规模的民用机场。北京、上海、广州三大区域管制中心相继建成投产，中国民航空管系统技术水平大幅度提升。

　　形成连接全国各地的航线网络，布局日趋合理。1988 年之后，民航体制改革使航空公司间出现竞争局面，加快了航线发展的步伐。在此基础上形成了以北京、上海、广州、成都、西安、沈阳、乌鲁木齐 7 个大城市为中心的区域性辐射航线网络，省会、自治区首府和直辖市之间航线大幅度增加，旅游城市的新航线增多，沿海城市的航线网络加速扩展，国际航线和通航地点继续增加。

航空安全水平显著提升。自 2010 年 8 月 25 日至 2019 年年底，运输航空连续安全飞行 112 个月，累计安全飞行 8068 万小时。2019 年，民航安全运行平稳可控，全行业未发生运输航空事故，运输航空百万小时重大事故率 10 年滚动值为 0.028（世界平均水平为 0.292）。

（五）中国由民航大国向民航强国的战略转变

自 1978 年以来，通过几十年的建设和发展，中国民航事业取得了重大进步，中国已成为世界民航大国。近年来，民航始终把服务国家战略作为立足点。围绕京津冀协同发展、长三角一体化发展、粤港澳大湾区建设、成渝双城经济圈建设等国家重大战略，深入推进与世界级城市群发展相适应的世界级机场群协同发展。

围绕"一带一路"合作倡议，打造西安、郑州、昆明、乌鲁木齐等"空中丝绸之路"核心节点。截至 2020 年，我国已与 128 个国家或地区签署了双边航空运输协定，其中"一带一路"沿线国家 100 个，与 64 个国家保持定期客货运通航。

围绕西部大开发、东北振兴、中部地区加快崛起、长江经济带发展、海南自贸港建设、新型城镇化发展战略，增强沈阳、杭州、武汉、长沙等机场的区域性枢纽功能，支持中西部和支线机场建设，推进基本航空服务试点，航空服务覆盖全国 92% 的地级行政单元、88% 的人口、93% 的经济总量。

案例分享 1-1

实现从航空运输大国
向单一航空运输强国
的"转段进阶"

📖 延伸阅读

"十四五"民航绿色发展专项规划（节选）

2022 年 1 月，中国民航局为贯彻落实《中共中央 国务院关于完整准确全面贯彻新发展 理念做好碳达峰碳中和工作的意见》《国务院关于印发 2030 年前碳达峰行动方案的通知》和《"十四五"民用航空发展规划》，印发了中国

民航历史上编制的第一部绿色发展规划，《"十四五"民航绿色发展专项规划》（以下简称《规划》），明确了"十四五"时期民航绿色发展的指导思想、基本原则、目标要求和主要任务，指导民航行业绿色、低碳、循环发展。

一、指导思想

以习近平生态文明思想为指导，全面贯彻党的十九大和十九届历次全会精神，坚持以人民为中心的发展思想，科学把握新发展阶段，完整、准确、全面贯彻新发展理念，服务构建新发展格局，坚持稳中求进工作总基调，以促进民航高质量发展为主题，以实现碳达峰、碳中和为引领，以改革创新为动力，以实现减污降碳协同增效为总抓手，坚持系统观念，统筹污染治理、生态保护、应对气候变化，增强绿色民航治理先进性、协同性、开放性，着力提升民航运行智慧化、低碳化、资源化水平，建立健全民航绿色低碳循环发展体系，构建民航运输与生态环境和谐共生格局，为推动民航发展全面绿色转型开好局、起好步。

二、基本原则

坚持全面系统。强化顶层设计，发挥制度优势，坚持前瞻性思考、全局性谋划、战略性布局、整体性推进，统筹国内国际两个大局，正确认识和把握好发展和减排、整体和局部、短期和中长期的关系，实现民航安全、绿色、效率、服务相统一。

坚持创新驱动。深入推进民航绿色发展体制机制改革，坚持有为政府和有效市场两手发力，加大技术、政策、管理创新力度，增强民航绿色发展动力和活力，逐步实现可再生能源替代，不断提升行业绿色发展上限，拓展行业发展空间。

坚持效率优先。把节约能源资源放在首位，提高民航全要素生产率，推进民航能源资源结构优化、精准配置、全面节约、循环利用，推动民航能源资源利用效率稳步提升和碳排放强度持续下降。

坚持开放融合。着力推进民航行业与绿色环保等产业融合发展，增加绿色民航有效供给。立足国情和民航发展阶段，统筹做好航空减排对外斗争与合作，为全球民航可持续发展贡献更多中国智慧。

三、主要目标

到 2025 年，民航发展绿色转型取得阶段性成果，减污降碳协同增效的基础更加巩固、措施机制更加完善，科技支撑更加有力产业融合发展成效显现，行业碳排放强度持续下降，低碳能源消费 占比不断提升，民航资源利用效率稳步提高，为全球民航低碳发展贡献更多中国实践。

到 2035 年，民航绿色低碳循环发展体系趋于完善，运输航空实现碳中性增长，机场二氧化碳排放逐步进入峰值平台期，绿色民 航成为行业对外交往靓丽名片，我国成为全球民航可持续发展重 要引领者。

四、主要任务（摘要）

（1）加快完善绿色民航治理体系。调动各方积极性、主动性和创造性，增强绿色民航治理能力构建完善党委领导、政府主导、企业主体、社会组织和公众共同参与的绿色民航治理体系。包括健全政策监管体系、健全标准体系、健全企业主体责任体系、健全绿色民航供给体系、提升参与全球民航环境治理能力。鼓励支持民航企业、行业协会、院校和科研机构等积极参与绿色民航国际交流，共同讲好中国民航绿色发展故事。

（2）深入实施低碳发展战略。大力推动行业脱碳，加强先进适用技术应用，注重市场手段与非市场手段统筹，不断降低碳排放强度。包括加快推广绿色低碳技术、提升运营管理效能、强化空管支撑保障、建立基于市场的民航减排机制。鼓励行业协会、院校和科研机构等在民航碳市场建设中积极发挥平台支撑作用。积极推动构建"航空＋高铁"现代化快速交通运输服务体系，促进交通运输结构性降碳。

（3）深入开展民航污染防治。以提升机场区域环境质量为重点，推动各机场完善机场牵头、驻场单位积极参与的污染防治联合工作机制，构建民航大气、噪声、污水、固废等污染协同防治格局。包括深入开展大气污染防治、加强航空器噪声污染防治、深入实施节水行动、系统开展固废处理、促进生态系统质量改善，打好碧水蓝天保卫战。

（4）全面提升绿色民航科技创新能力。深入推进绿色民航科技创新体系建设，强化民航关键脱碳技术攻关，完善民航绿色低碳循环发展技术支撑平台建设，着力推动人才引进培养，为民航绿色发展注入强劲动力。包括建设绿色民航科研创新平台、完善绿色民航人才培养体系，全方位培养、引进、用好绿色民航人才，造就更多有影响力、竞争力和全球视野的绿色民航领军人才和项目团队。

五、加强规划实施保障（摘要）

保障措施包括加强组织领导、强化规划落实、拓宽资金渠道、营造良好氛围等，健全公众参与机制，及时回应社会关切，注重舆论引导，最大限度凝聚全社会建设绿色民航共识和力量。加强战略统筹和投入，有力、有序、有效推动规划国际传播工作。

（资料来源：中国民航管理局官网）

思考与练习

1. 什么是民用航空？简述商业航空、通用航空的概念。
2. 简述民用航空的组成以及各部分的职能。
3. 比较世界民用航空运输和中国民用航空运输的发展。
4. 查资料比较中国民航体制改革前后，机构的变化情况。

学习效果检测

扫描下方二维码，检测你的学习效果。

01

学习检测

实训与分享

以小组为单位，完成一份主题与民航运输相关的调研报告，内容不限，最终以 PPT 形式在课堂上分享。

　　飞机是航空运输的工具，本项目简单介绍飞机的机体、动力装置、飞机系统以及航空电子系统等的构成及其各部分的功能和工作原理。

学习目标

　　知识目标：熟悉飞机机体的各构成及其功能；了解飞机发动机的工作原理；熟悉民用喷气发动机的工作特性；了解飞机系统和航空电子系统的功能。

　　技能目标：掌握飞机机体各构成部分的名称以及主要工作原理；掌握飞机发动机的类型以及简单的工作原理；掌握飞机的主要系统及主要功能。

　　素质目标：养成敬畏安全、敬畏规章的工作态度。

📑 案例导入

ARJ21 支线客机

　　ARJ21（Advanced Regional Jet for the 21st Century）支线客机是中国商飞按照国际标准研制的具有自主知识产权的飞机。2015 年 11 月 29 日，首架 ARJ21 支线客机交付成都航空，正式进入市场运营。截至 2022 年 9 月 9 日，成都航空 ARJ21 飞机安全运营达 10 万小时，飞机日利用率达到 8~9 小时，形成了 24 架机队的规模，累计 144 条航线的布局。机队规模快速增长的同时，运行效率大幅提升，并达到 99.72% 的年度签派可靠率。

任务一　了解飞机机体

飞机机体包括机身、机翼、尾翼、起落架、动力装置和仪表设备。飞机机体构成了飞机的外部形状和承受飞机的主要受力。

一、机翼

机翼是飞机升力的基本来源。机翼分为左右两个翼面，对称地布置在机身两边。按位置机翼分为四个部分：翼根、前缘、后缘和翼尖。

机翼飞行中受到的空气作用力合力，垂直方向的投影为机翼升力，水平方向的投影为机翼阻力。机翼产生升力的同时也产生阻力，阻力是获得升力的代价。升力和阻力的比值叫作升阻比，升阻比越高飞机就越省油。为适应飞机起飞、巡航、降落各阶段的需求，需要通过改变机翼的构型来人为改变机翼的升阻比。

驾驶员可通过操纵改变机翼前缘和后缘可以活动的部件，改变机翼的构型来调节机翼升阻比。这些部件有：前后缘增升装置（缝翼，克鲁格襟翼，后缘襟翼，吹气装置等）、副翼、扰流片、减速板、升降副翼等。如图 2-1-1 所示，两片机翼对称安置在飞机机身中部的左右两端。

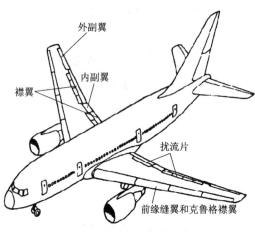

外副翼

内副翼

襟翼

扰流片

前缘缝翼和克鲁格襟翼

图 2-1-1　飞机机翼和机翼上的活动翼面

表 2-1-1　机翼构成部分说明

翼根	机翼和机身的结合部分，承受着机身重量以及由升力和重力产生的弯矩，是机翼受力最大的部分，也是结构强度最大的部分。
副翼	位于机翼后缘外侧，可以上下偏转，用来操纵飞机的侧倾。
襟翼	位于机翼后缘的内侧，可以向后、向下伸出，改变机翼的形状和大小，从而改变飞机的升力。在起飞时襟翼伸出量较小，缩短起飞距离；降落时襟翼伸出较多，利于飞机降低着陆速度，缩短着陆距离。
缝翼	位于机翼的前缘，向前打开时在机翼和缝翼间形成一道缝隙，使气流顺缝隙流到机翼的上表面，使升力增加，增大了安全迎角。
扰流片	铰接在机翼表面上的阻力板。当向上打开时，增加机翼的阻力，同时减少升力，使飞机迅速减速。飞行中一侧翼面上的扰流片打开时，它的作用和副翼类似，使飞机侧倾。

（一）机翼的外形

机翼外形的几何参数有翼展、翼面积（机翼俯仰投影面积）、后掠角（主要有前缘后掠角、1/4 弦后掠角等）、上反角、翼剖面形状（翼型）等（见图 2-1-2）。机翼翼尖两点之间的距离称为翼展。机翼的剖面称为翼型。机翼的平面形状常用的有矩形翼、梯形翼、后掠翼、三角翼、双三角翼、箭形翼、边条翼等。早期流行双翼机（多翼机），现代飞机一般都是单翼机。现代客机机翼外形为后掠翼平面形状，中等后掠角采用超临界翼型，翼尖有小翼以减少诱导阻力。

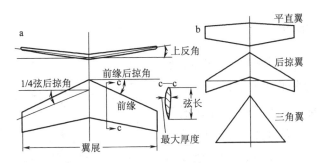

图 2-1-2　机翼几何参数和三种基本机翼

（二）机翼和机身的连接

翼根是机翼和机身的接合部分，也是机翼受力最大的部位，翼根在垂直方

向上和水平方向上承受机翼传递机身的力及弯矩，如果发生粗暴的着陆（重着陆）或飞机进入乱气流剧烈颠簸，必须按照手册检查翼根是否发生结构损伤。机翼和机身之间翼根处的整流罩不仅能减少干扰阻力，而且整流罩内空间可用来安置起落架、空调等飞机设备。

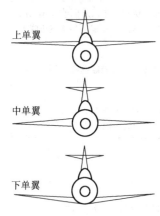

上单翼

中单翼

下单翼

图 2-1-3　机翼的形状

根据机翼在机身上安装的部位和形式，可以把飞机分为下单翼、中单翼、上单翼（图 2-1-3）。

民航喷气飞机通常采用下单翼布局，主要的原因有以下几点：

（1）下单翼飞机的机翼离地面近，起落架支柱长度短减轻了重量，且飞机主起落架轮距宽，下单翼飞机重心低起降稳定性高。

（2）迫降时下单翼飞机机翼线触地能够吸收大部分能量从而保护机身内的乘客和机组人员。

（3）机翼离地面近有利于维护和使用。

下单翼的缺点是：机身离地高，客货的上下不便，需要使用廊桥和梯车等登机设备；发动机离地面太近，使用时会吸入跑道表面的沙石冰雪等异物损伤发动机且对地面人员不安全。因此军用运输机和支线螺旋桨飞机多数选用上单翼布局，便于在小型机场起降。中单翼布局的空气阻力最小，但是因为机翼占用机身空间，影响商载，所以不被民用飞机采用。

（三）安装角

机翼装在机身上的角度称为安装角，是机翼与水平线所成的角度，安装角向上的称为上反角，向下的称为下反角。上反角能提高飞机的侧向稳定性，所以下单翼的飞机都具有一定的上反角（见图 2-1-4），而上单翼飞机通常有一定的下反角。

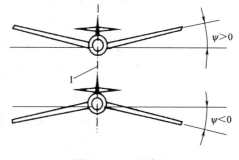

$\psi>0$

1

$\psi<0$

图 2-1-4　安装角

（四）机翼的结构

机翼由翼梁、翼肋、桁条和蒙皮等构件组成。翼梁承担着机翼主要的作用力，翼梁分为前梁和后梁。飞行时机翼承受的空气动力通过蒙皮传递给桁条，桁条嵌在翼肋上传递给翼肋，翼肋保持机翼的翼型，翼肋受力通过接头传给翼梁，翼梁内侧的接头和机身连接固定。起落架及发动机吊架也连接在翼梁上。机翼根部和机身的接合处，发动机吊架和机翼的接合处，起落架和机翼的接合处承受着最大的应力，设计、制造、使用时要特别注意。

翼梁和桁条是纵向骨架，翼肋是横向骨架，蒙皮包覆在整个骨架上（见图2-1-5）。

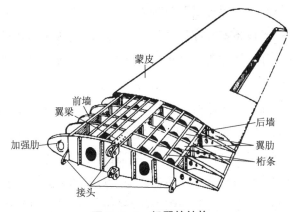

图 2-1-5　机翼的结构

现代客机机翼前后翼梁之间内部的空间结构经密封后，可用来存储燃油，叫作结构油箱。机翼内部还可安置飞机起落架、附加翼面的操纵装置、防冰和灯光设备等。

知识拓展 2-1

超临界机翼技术

二、机身

机身是飞机的运载部分，绝大部分的机身是筒状的，两头小、中间大的纺锤体（图2-1-6）。通过增减机翼前后机身的分段可以使飞机形成不同商载的系列化客机产品线，满足用户的不同要求，同时使用和维护的通用性给用户带来了便利。

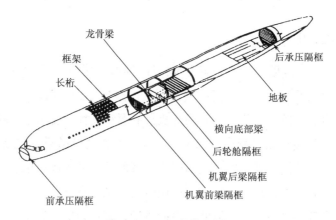

图 2-1-6　机身基本结构

　　机头轮廓向下收，以保证驾驶员的视野；最前端是雷达整流罩，机头上半
部分是驾驶舱，电子设备安放在驾驶舱下。飞行时机头正面要承受迎面的空气
压力，侧面有动压静压孔和飞行迎角等传感器，要求表面气流稳定，所以机头
的外形呈圆滑的流线型，以减少空气阻力和稳定机头侧面的气流。机头驾驶员
正前方处是风挡玻璃。中间舱段，分为上下两部分。上部用来装载旅客，下部
用来装载行李、货物、燃油和设备，下舱分为前后货舱，中间有设备舱隔开
（图 2-1-7）。客舱地板上固定有导轨，座椅固定在导轨上，可以根据要求来
改变客舱的布局。货舱地板有托盘装置以便于货物的装卸。客舱地板有卸压口
盖，当客货舱失压时，在压力差作用下此盖打开，保证飞机结构安全。机身尾
部向上收缩，防止飞机起落时尾部擦地。

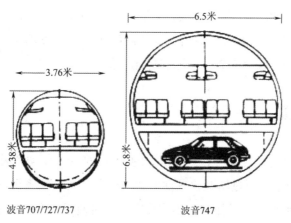

图 2-1-7　客舱典型布局剖面图

图 2-1-8　飞机机身剖面侧图

三、尾翼

尾翼由飞机尾部的水平尾翼和垂直尾翼组成，用以维持飞机的方向和水平的稳定性和操纵性（图2-1-9）。

尾翼结构和机翼结构相似，尾翼离飞机重心远，结构上越轻越好，因此大部分新型客机尾翼采用复合材料制造。水平尾翼由水平安定面和升降舵组成，水平安定面是可调角度的，升降舵可以上、下转动，水平安定面保持飞机在飞行纵向的稳定，升降舵的运动则可以控制飞机向上抬头或向

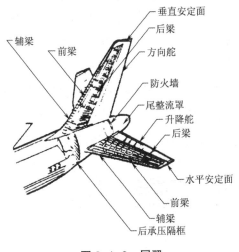

图 2-1-9　尾翼

下的低头运动。现代高速客机的水平尾翼做成可以整体运动的形式，以便配平。水平尾翼一般安装在机身尾段上，有些飞机上为了避免气流干扰，水平尾翼装在垂直尾翼上，又称"T"形尾翼。

垂直尾翼由固定的垂直安定面和活动的方向舵组成，方向舵可以左、右转动。当方向舵左偏转时，它承受迎面气流的压力，使机尾向右，机头向左，实现飞机的左转，反之则右转。当飞机受到干扰偏离航向时，垂直安定面上受到迎面气流的力，使飞机恢复到原来的航向，保持纵向稳定。方向舵上面的小舵

面，用来纠正飞行中的航向偏航，叫作方向舵调整片。

垂直尾翼有单垂尾、双垂尾、多垂尾等多种形式，客机采用单垂尾的为多。

四、起落架

起落架的主要功用是承受和吸收飞机着陆时带来的撞击能量，减少着陆地时引起的过载，并减少滑行时因地面不平引起的振动；同时在飞机起飞滑跑、停放和滑行的过程中使飞机承受重力，操纵飞机在地面行走、转向和制动。除了使用滑橇在雪地起降的飞机和使用浮筒的水上飞机外，飞机都使用轮式起落架。

现代飞机的起落架一般包括起落架舱、刹车装置、减震装置、收放装置几个部分。通用航空的小型飞机因为飞行速度不高，对飞机气动外形的要求不十分严格，一般采用简单廉价的固定式起落架，省去了起落架舱和收放装置。现代客机飞行速度高，起落架暴露在外会严重影响飞机气动性能。飞机在空中飞行时将起落架收到机翼或机身之内，虽然可收放起落架增加了复杂的收放系统，使得飞机的总重增加，但总的来说是得大于失。

起落架配置形式有前三点式、后三点式和多点式，如图 2-1-10 所示。

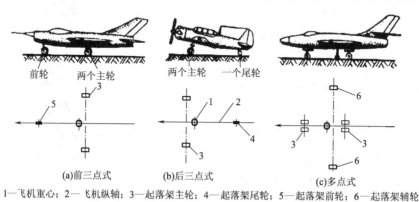

1—飞机重心；2—飞机纵轴；3—起落架主轮；4—起落架尾轮；5—起落架前轮；6—起落架辅轮

图 2-1-10　起落架机轮在飞机上的基本安排形式

前三点式起落架的两个支点（主轮）对称地安置在飞机重心后面，第三个支点（前轮）位于机身前部，呈正三角形，一轮前，两轮后。这种布局降落的稳定性好，降落时机头抬起，主轮先落地，并逐渐减速，然后飞机低头，前轮触地水平滑跑。所以现代民航飞机一般都采用前三点式起落架。

后三点式起落架的两个支点（主轮）对称地安置在飞机重心前面，第三个支点（尾轮）位于飞机尾部，呈倒三角形，两轮前，一轮后。常见于早期的活塞螺旋桨飞机。现代民用小型机也有采用。这种布局的起落架地面转向机动能力好，但由于重心在主轮后面，所以降落时不稳定，容易发生侧滑，甚至翻滚。这种布局的飞机降落时一般机身保持水平，主轮先落地，并逐渐减速，然后飞机抬头，较短的尾轮落地。

多点式起落架常用重型客机，如波音 747 飞机（图 2-1-11），它由一个前起落架，两个机身起落架和两个大翼起落架构成。

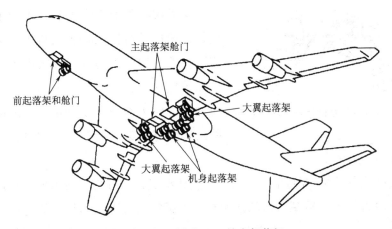

图 2-1-11　波音 747 的主起落架

客机停放时前起落架受力仅为飞机重量的十分之一左右，余下的十分之九由主起落架支撑。飞机前起落架向前收起，紧急情况下可以依靠重力和迎面空气阻力放下起落架。

前起落架没有刹车装置，但是能够转向。驾驶员通过踏板或手柄操纵客机转向，控制飞机在地面滑行。飞机前起落架支柱内有凸轮定中机构，着陆瞬间支柱受力压缩定中使前轮摆正，升空后支柱不受力伸长时前轮回到中立位置，便于收回起落架。起落架收放在起落架舱内，起落架舱门只在收起和放下过程中打开，其余时间舱门关闭以减小飞行阻力和防止异物进入舱内。

重型飞机采用多点式起落架的布置，轮子的数量取决于飞机的重量和使用

机场跑道所能承受的载荷，**重量越大的飞机机轮越多，对跑道要求低的飞机相**应地要增加机轮的数量。如目前最大的民航客机波音 747 的主起落架共有 16 个机轮。机轮是无内胎的，充气后依靠内气压使机轮和轮毂贴紧密封保持轮胎压力。

轮胎按照充气压力分为高压轮胎、中压轮胎和低压轮胎。低压轮胎的缺点是轮胎体积大，优点是减震效果好，对起降场跑道要求低，适合支线飞机和小型飞机使用。现代民航飞机普遍使用高压轮胎。飞机轮胎要按要求充气到规定气压，轮胎磨损应及时更换，以保证安全。

民用飞机的起落架按结构可分为：构架式起落架、支柱式起落架和摇臂式起落架。

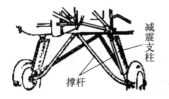

图 2-1-12　构架式起落架结构示意图

构架式起落架（图 2-1-12）的主要特点是：通过承力构架将机轮与机翼或机身相连。承力构架中的杆件及减震支柱都是相互铰接的。它们只承受轴向力（沿各自的轴线方向）而不承受弯矩力。因此，这种结构的起落架构造简单，质量轻，在轻型低速飞机上用得很广泛。

支柱式起落架（见图 2-1-13）的主要特点是：减震器与承力支柱合二为一，机轮直接固定在减震器的活塞杆上。减震支柱上端与机翼的连接形式取决于收放要求。对收放式起落架，撑杆可兼作收放作动筒。扭矩通过扭力臂传递，亦可以通过活塞杆与减震支柱的圆筒内壁花键连接来传递。支柱式起落架构造简单紧凑，易于收放，而且质量较小。支柱式起落架的缺点是：活塞杆不但承受轴向力，还要承受弯矩力，因而容易磨损及出现卡滞现象，使减震器的密封性能变差。

摇臂式起落架（见图 2-1-14）的主要特点是机轮通过可转动的摇臂与减震器的活塞杆相连，减震器兼作承力支柱。摇臂式起落架的活塞只承受轴向力，不承受弯矩力，因而密封性能好，耐冲击。摇臂式起落架的缺点是构造较复杂，接头受力较大，因此它在使用过程中的磨损亦较大。

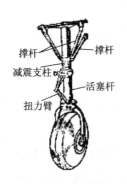

图 2-1-13 支柱式起落架结构示意图

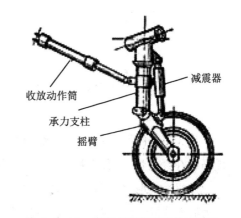

图 2-1-14 摇臂式起落架结构示意图

典型民航飞机主起落架采用支柱式，图 2-1-15 所示是空客 320 的主起落架，由四个机轮构成一个轮式小车，车架和减震支柱连在一起，支柱旁有斜支柱和扭力撑杆，斜支柱承受水平方向的力，扭力撑杆抵抗轮车的扭转使减震器主要承受垂直方向的力。减震支柱上端的收放作动筒可把起落架收起或放下，轮架和支柱采用铰接，使几个轮子上下左右可以相对运动，后部的轮架也可以绕支柱转动，保证小车有最大的接地面积和小的转弯半径。

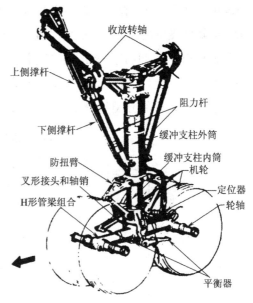

图 2-1-15 小车式起落架结构示意图

起落架收放通过液压作动筒实现。起落架上有收起和放下的锁定装置，收放到位时触动开关，指示起落架收放位置。起落架上装有空地传感器，用来感知飞机所处的状态。

驾驶员如果忘记收放起落架时，传感器逻辑电路接通会发出声光警告。

减震支柱由内外两个互相套合的中空圆筒组成，内部封灌工作介质液压油和氮气。外筒固定在机身或机翼的结构上，内筒受冲击时滑入外筒，内筒里的氮气被压缩，液体向上流经活塞上的小孔缓冲吸能。

任务二　了解飞机的动力装置

从 1903 年莱特兄弟第一架飞机问世以来，民用航空动力装置的性能不断提高，在经济性、可靠性、使用寿命方面都达到了一个新的水平。

飞机性能取决于动力装置的性能，动力装置被称为飞机的心脏。航空发动机分为活塞式发动机和喷气式发动机。第二次世界大战前，飞机动力装置由航空活塞发动机和螺旋桨组成。活塞式发动机随着飞行高度和速度的增加，其功率和螺旋桨的效率会急剧下降，限制了飞行器速度的提高。喷气式发动机重量轻、推力大，能够使飞机高速飞行，成为飞机的主要动力。20 世纪 50 年代从涡轮喷气发动机发展出更适合民用飞机的涡轮风扇喷气发动机、涡轮轴发动机和涡轮螺旋桨发动机。70 年代为应对石油危机又催生了具有高燃油经济性能的桨扇发动机。

航空发动机的分类如表 2-2-1 所示。

表 2-2-1　发动机的分类

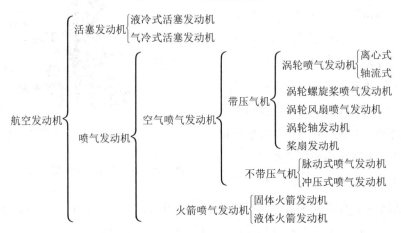

喷气发动机根据是否需利用空气作介质可分为空气喷气发动机（也称吸气式发动机）、火箭发动机及两者相结合的组合发动机。火箭发动机自带燃料和氧化剂，所以不仅可以在大气层内使用还能够在太空使用，作为航天器的唯一动力装置，火箭发动机使用液体燃料或固体燃料。

冲压式喷气发动机由进气道、燃烧室和喷管组成，没有转动部件，结构简单，但是低速性能差，启动需要助推装置加速，一般只作为导弹的动力装置。可变循环喷气发动机的内部结构可以改变，低速时作为涡喷发动机工作，高速飞行时变为冲压发动机工作，有希望成为未来高超音速客机的动力装置。

上述的航空发动机都是热机，是将燃料的化学能燃烧释放出的热能转变为机械能。就热力循环的方式来说，喷气发动机是布莱顿循环，而活塞发动机是定容燃烧循环。

一、活塞发动机

活塞式航空发动机产生的扭矩通过减速器降低转速传输给螺旋桨，产生飞机前进所需要的拉力。活塞式动力装置由航空活塞发动机（热机）和螺旋桨（推进器）组成。

活塞式发动机是四行程发动机，主要由汽缸、移动活塞、连杆、曲轴、机匣及进排气门等构件组成。

汽缸是发动机的工作室，油气混合气在其中燃烧，所产生的高温高压燃气推动活塞做直线运动，带动曲轴旋转。汽缸头上有保证油气混合气进入汽缸的阀门（进气门）和用来排出燃气的阀门（排气门）。活塞燃气压力产生的推力通过连杆传递给曲轴，将活塞的往返运动变成曲轴自身的旋转运动。螺旋桨拉力的产生和机翼上升力的产生原理如图 2-2-1 所示。

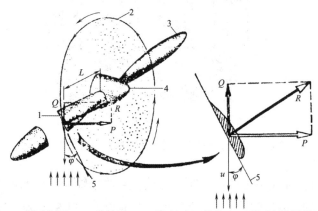

1—桨叶剖面　2—旋转面　3—桨叶　4—桨毂　5—桨叶剖面弦线

图 2-2-1　螺旋桨受力

发动机按活塞的运动方式分为往复式活塞发动机和转子活塞发动机；按汽缸的排列形式分为直立形、对立形、星形、X形和Y形（图2-2-2）；按喷油的形式分为汽化器式和直喷式；按冷却方式的不同可分为液冷式和气冷式。

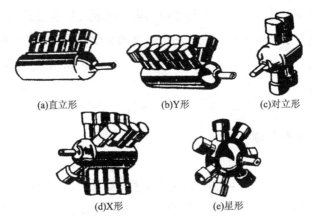

(a)直立形　　　　　　(b)Y形　　　　　　(c)对立形

(d)X形　　　　　　(e)星形

图2-2-2　活塞式发动机汽缸排列方式

航空活塞式发动机工作时，曲轴每转两转，活塞在汽缸中上、下往复运动两次，完成四个行程，分别为进气行程、压缩行程、膨胀行程与排气行程，即发动机的一个热力循环（图2-2-3）。循环包括四个过程：（1）进气过程，（2）压缩过程，（3）膨胀过程，（4）排气过程。

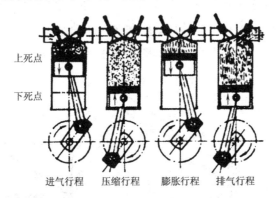

上死点

下死点

进气行程　　压缩行程　　膨胀行程　　排气行程

图2-2-3　往复式活塞发动机四个行程的工作内容

活塞离曲轴轴线最远的位置叫上死点，离曲轴轴线最近的位置叫下死点。上死点和下死点间的距离称为活塞行程（功冲程），以 S 表示。曲柄半径以 R 表示，则 $S=2R$。

进气行程：从活塞在上死点时开始，当活塞到下死点时结束，进气门开放而排气门关闭，汽缸内吸入新鲜混合气。

压缩行程：活塞从下死点走向上死点，进气门和排气门都关闭，燃料混合气在汽缸内被压缩，到达上死点附近提前点火及燃烧。

膨胀行程：具有高温高压的燃气膨胀，活塞从上死点向下死点运动。行程提供转动曲轴连杆机构所需要的有效功也叫作工作行程。

排气行程：开始于下死点，终于上死点，排气门开放而进气门关闭，燃烧后的废气被活塞排出汽缸。

活塞式发动机具有经济性好、寿命长等优点。目前在通航农业飞机、短途运输机和超轻型飞机上被广泛使用。

二、空气喷气发动机

空气喷气发动机既是热机又是推进器。作为热机工作时燃料燃烧释放的热能转换为发动机气流的动能；作为推进器，其进出口速度的变化产生动量差，直接产生反作用推力。

空气喷气发动机的工作原理同活塞发动机类似：首先空气经进气道进入压气机，压气机通过叶片对空气做功，提高了空气的压力，为压缩冲程；接着高压空气在燃烧室内和雾状燃油混合，燃烧形成高温高压的燃气，膨胀气体对涡轮做功，涡轮转动带动压气机工作，为工作冲程；最后气体从尾喷管中高速喷出，为排气冲程。

带压气机的空气喷气发动机由进气道、压气机、燃烧室、涡轮和尾喷管组成。

（一）进气道

进气道的主要功用是整理进入发动机的气流，以最小的损失引入足够的空气进入压气机压缩。

（二）压气机

压气机是通过高速旋转的叶片向气体做功，完成发动机热力循环中气体压

缩过程，以提高气体压力的机械装置，是涡轮喷气发动机的一个重要部件。压气机的主要作用是将进入发动机的空气压力提高，为燃烧室提供高压空气，以提高发动机热力循环的效率。根据气流在压气机中的流动方向可将压气机分为轴流式压气机和离心式压气机（图2-2-4）。空气在轴流式压气机中主要沿轴向流动的称轴流式压气机。按气流流动速度，压气机又可分为亚声速、跨声速和超声速压气机。

轴流压气机转子　　　　　　　轴流压气机静子

(a)轴流压气机

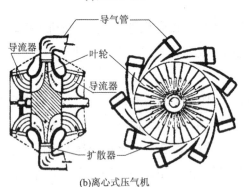

(b)离心式压气机

图2-2-4　压气机

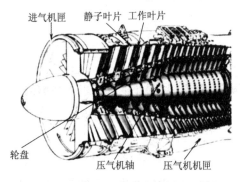

图2-2-5　轴流压气机

轴流压气机（图2-2-5）主要由不旋转的静子和高速旋转的转子组成，静子由机匣与装在机匣内壁的一排排静子叶片排组成；转子由多个轮盘与装在轮盘上的转动叶片等组成。

轴流式压气机的特点是：可以用增加级数来提高压气机的总压比，效率高，迎风面积小。

离心式压气机的特点是：增压比高，重量轻，流动损失大，效率低，迎风面积大。

离心式压气机用于小型发动机，因为其有三方面的优点：一是结构简单，成本低；二是结构坚固，抗外物击伤的能力高；三是抗高频疲劳性能好，使用寿命长。

空气喷气发动机工作时压气机会发生喘振故障，喘振发生的原因是气流流经压气机叶片时攻角过大产生了分离，而压气机气流流动不畅导致气流沿压气机轴向发生低频高幅的往返振荡，严重时甚至会发生"放炮"的现象。技术上可以采取的防喘措施有：压气机中间级放气；可调静子叶片；三转子结构。

压气机中间级放气可放出多余的空气；可调静子叶片能减少气流与压气机叶片的攻角；低压转子与高压转子之间增加中压转子的三轮子结构加宽了压气机稳定工作的范围。发动机工作过程中要避免易发生喘振的条件和工作范围。

（三）燃烧室

燃烧室是将压气机流出的高压空气和燃料混合并进行燃烧的装置。

燃烧室位于压气机和涡轮之间，燃烧室内燃料（如航空煤油）中的化学能经燃烧转变为热能。燃烧室产生的高温、高压燃气，具有很高的能量（热能与势能），经燃烧室后的涡轮和尾喷管中膨胀做功。

燃烧室主要由燃油喷嘴、涡流器、火焰筒和燃烧室外套等组成（图2-2-6）。扩压器使压气机出口的气流流速降低、压强升高，便于组织燃烧；火焰筒是空气与燃油燃烧的地方，火焰筒头部装有喷入燃油的喷嘴和火焰稳定装置，使气流流速进一步降低并形成回流区，保持火焰的稳定。由压气机出来的高压空气在火焰筒头部分为两股：一股（约占总空气量的25%）进入火焰筒头部及其小孔，与燃油混合进行燃烧；另一股由燃烧室外套与火焰筒间形成的环形道中向后流动冷却火焰筒，最后火焰筒后部的孔进入火焰筒内，将燃烧室出口的燃气温度降低到涡轮能承受的温度，最后流向涡轮，冲击涡轮旋转。燃烧室中心区的温度可高达2200℃以上。

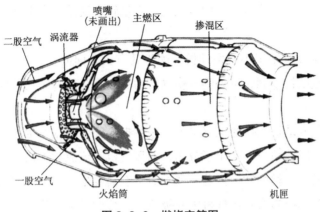

图 2-2-6　燃烧室简图

　　燃烧室的基本性能要求是：点火可靠、燃烧稳定、燃烧完全、压力损失小、容热强度高、出口温度分布均匀、燃烧产物对大气的污染小。燃烧室按其结构特点可分为单管、环管和环形燃烧室，民用喷气飞机使用的涡扇发动机大多采用燃烧高效、排放环保、维修便利的环形燃烧室。

（四）涡轮

　　涡轮转动带动压气机转动，每级的转动叶片前面，静止的外壳上装有导向叶片（见图 2-2-7）。气流通过导向叶片时加大速度、降低压强和温度，以适当的角度冲击工作叶片使它转动，涡轮承受的温度高、速度大，材料要承受极大的离心力。

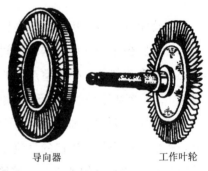

导向器　　　　　　工作叶轮

图 2-2-7　涡轮

（五）尾喷管

　　尾喷管的作用是将流经涡轮的气体膨胀加速排出发动机，喷口处截面面积缩小使排出气体的流速增加，从而提高发动机推力。尾喷管中装有整流锥，使由燃烧室出来的环状气流平顺地变为柱形。客机尾喷管短舱处常装有反推装置（图 2-2-8），在降落时反推板打开，气流冲在反推板上，通过导向叶片向前排出，产生反向的推力，使飞机减速，从而缩短着陆时的滑跑距离。有的喷管还带有消音装置，以减少排气的噪声。

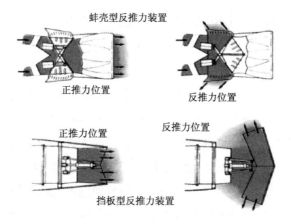

图 2-2-8 装有反推装置的尾喷管

　　喷气发动机的排气流过涡轮后还有大量的可燃氧气，通过增加一个加力燃烧室进行复燃加力，能够提高飞机推力，这样的发动机称为加力式喷气发动机。战斗机发动机都带加力燃烧装置，超音速客机有些也使用带加力的发动机。

　　空气喷气发动机的压气机、燃烧室和涡轮合称核心机或燃气发生器。核心机的性能决定了发动机的主要性能，是发动机的心脏。先进的核心机可以演变发展成一系列的发动机，从军用小涵道比到民用大涵道比涡扇发动机、地面燃气轮机以及涡喷、涡桨及涡轮轴发动机等。

三、涡轮风扇喷气发动机

知识拓展 2-2

打造"中国心"

　　民用喷气客机采用涡轮风扇喷气发动机作动力装置，涡喷发动机仅在超音速客机上使用。涡轮风扇发动机具有起飞推力大、巡航经济性好、噪声低等优点，但是高速性能差，迎风面积大。

　　涡轮风扇喷气发动机在结构上增加了一个不经过燃烧室的外涵道，空气经进气道流过风扇后被分成两股，一股进入内涵道，经低压压气机、高压压气机、燃烧室、高压涡轮、低压涡轮和尾喷管排出，另一股进入外涵道直接排出。

　　涡轮风扇喷气发动机的工作原理是：流经内涵道的空气经风扇、低压压气机和高压压气机对空气做功，空气被压缩，与燃烧室内燃油燃烧，燃油将化学

能变为热能，形成的高温高压燃气膨胀高速向后喷出，推动高压涡轮旋转带动高压压气机旋转，然后推动低压涡轮旋转，带动低压压气机和风扇旋转，最后通过喷口排出，产生推力。高速旋转的低压风扇对流经外涵道的空气做功，空气速度增加，产生巨大推力。内外涵道的推力之和为发动机的总推力。

发动机工作时，单位时间内流经外涵道与内涵道的空气质量比称为涵道比。涵道比越大发动机的燃油消耗率越小，目前先进涡轮风扇喷气发动机涵道比在 5~10 之间。涵道比的大小取决于涡前燃气温度和飞机巡航速度。涡前燃气温度的提高是涵道比提高的先决条件，只有涡前燃气温度提高才能够驱动更大涵道比的风扇。同等条件下涵道比越大，排气速度越低。同时，排气速度低的发动机产生的噪声也会减少。当发动机排气速度与飞机飞行速度接近时，飞机推进效率比较高。

涡轮风扇喷气发动机的低压风扇叶片要求有高的增压比、效率和喘振裕度。早期的风扇叶片带有减震阻尼凸台，后来改进为加宽和加厚的叶片，内部采用蜂窝结构，保证了刚度而取消了阻尼凸台。

涡轮机匣内壁与工作叶片尖端之间的涡轮径向间隙对涡轮的工作效率影响很大。民用涡轮风扇发动机普遍采用主动间隙控制技术，通过在涡轮机匣外面安装数圈冷气管，并按照调节规律从压气机引入适当的冷却空气，利用热胀冷缩的原理改变涡轮径向间隙的大小，从而减小涡轮间隙损失。稳态工作时冷气管对涡轮叶尖机匣进行冷却，减少径向间隙；过渡状态时，切断冷却气流，机匣受热膨胀，径向间隙增大，防止涡轮叶片叶尖与机匣发生摩擦。使用主动间隙控制技术可以降低巡航油耗 1%~2%。

涡轮风扇喷气发动机的排气喷管有两种形式：混合式和非混合式。混合式是指内外涵道的气体在混合器内掺和后从同一个喷管排出，非混合式是指内外涵道分别从各自的喷管排气。高涵道比涡轮风扇喷气发动机采用非混合式。低涵道比涡轮风扇喷气发动机一般采用混合式排气。

四、涡轮螺旋桨喷气发动机和涡轮轴发动机

喷气发动机的低速性能差，对于支线客机而言，巡航飞行速度最好在 500千米每小时左右。因此人们想到了利用喷气式发动机的轴功率带动螺旋桨，并

于 20 世纪 50 年代初发明了涡轮螺旋桨发动机（见图 2-2-9）。涡轮螺旋桨发动机相当于用螺旋桨代替了风扇，只是去掉了外涵道。涡轮螺旋桨发动机的工作能量绝大部分通过涡轮，经减速器驱动螺旋桨，螺旋桨作推进功，喷口燃气产生的推力不到 10%。

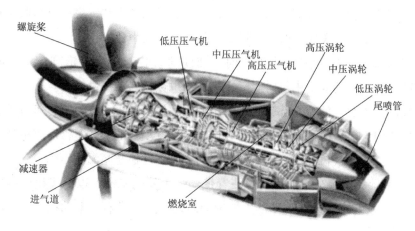

图 2-2-9 涡轮螺旋桨发动机

大型涡轮螺旋桨发动机采用轴流式压气机，中小型发动机多采用双级离心或轴流和离心组合式的压气机。涡轮螺旋桨发动机采用两套涡轮，一套工作涡轮和压气机相连，以高转速工作；另一套独立涡轮在工作涡轮之后，转速较低，叫作自由涡轮。

涡轮轴发动机的特点是发动机所有可用的燃气能量几乎全部转化为涡轮轴功，带动旋翼和尾桨。从结构上来看，涡轮轴发动机和涡轮螺旋桨发动机除减速器外其余部件往往是通用的。作为直升机的动力装置，涡轮轴发动机比活塞式发动机重量轻、功率大、振动小。特别是随着飞行高度的增加，涡轮轴发动机性能比活塞式发动机更为优越。不过小型飞机应用活塞式发动机在成本、耗油率方面仍有优势。

五、辅助动力装置

为减少对地面（机场）供电设备的依赖，飞机都装有独立的小型动力装置，称为辅助动力装置（APU）。

　　辅助动力装置（APU）的主要作用是向飞机独立地提供电力和压缩空气。飞机起飞前，由辅助动力装置供电或供气来启动主发动机，从而不需依赖地面电、气源车来发动飞机发动机；在地面时，辅助动力装置提供电力保证客舱和驾驶舱内的使用，并供给空调系统压缩空气；在飞机起飞时，使发动机功率全部用于加速和爬升，改善了起飞性能；降落后辅助动力装置供应电力照明和空调，可使主发动机关闭，节省了燃油，降低机场噪声。

　　飞行中当主发动机空中停车时，辅助动力装置可在一定高度（一般为10 000 米）以下的高空中及时启动，为发动机重新启动提供动力。

　　辅助动力装置的核心部分是一台小型的涡轮发动机，一般装在机身最后段的尾椎之内，前后分别开有进气口和排气口。发动机前端除正常压气机外，还装有一个工作压气机，用来向机身前部的空调组件输送高温的压缩空气，保证机舱的空调系统工作。辅助动力装置带动一个发电机，可以向飞机电网送出115V 的三相电流供电。辅助动力装置的启动通过自带启动电动机实现，由专门的蓄电池供电。

　　辅助动力装置是动力装置中一个完整的独立系统，它的控制板装在驾驶员上方仪表板上，它的启动程序、操纵、监控及空气输出都由电子控制组件协调，并显示到驾驶舱相关位置。

六、民用喷气发动机的工作特性

　　功率是发动机最主要的性能指标。航空活塞发动机、涡轮螺旋桨发动机、涡轮轴发动机以轴输出功率作为动力性能指标，通过推进器螺旋桨或旋翼产生拉力或升力，对飞机作推进功；喷气发动机推进功的大小等于推力乘以飞行速度，功率随飞行速度变化而变化，因此喷气发动机以常用工作状态推力表示动力性能。

　　民用喷气发动机的工作状态通常有以下四种：

　　（1）起飞推力状态，是发动机工作的最大推力状态，为避免涡轮温度太高，发动机在这一状态的连续工作时间受到严格限制。

　　（2）最大连续工作状态，是发动机连续工作时最大的许可推力。

　　（3）最大巡航工作状态，是设计巡航高度时批准使用的最大推力。

（4）慢车工作状态，是发动机能够保持稳定工作的最小转速的工作状态，适合于在地面滑行或着陆时需要最小推力时使用，但为防止涡轮温度过高，发动机在这一状态的连续工作时间受到严格限制。

评定空气喷气式发动机的性能好坏，主要有四个指标：①单位燃油消耗率，即产生一牛顿推力每小时所消耗的燃油量。②推重比，指发动机推力与发动机及其附件的重量的比值。这一比值越大越好。③空中停车率，表示发动机每千小时飞行发生空中停车的次数。次数越少，说明发动机越可靠。④单位小时使用成本，指每使用单位一小时花在购置、维护、燃油消耗的成本，成本越低发动机的经济性就越好。

喷气发动机推力和燃油消耗率随发动机的转速、飞行速度、飞行高度的不同而变化的规律，分别称为转速特性、速度特性和高度特性，并统称为发动机特性。

（1）转速特性又叫节流特性，喷气发动机在飞行高度和速度不变的条件下，推力随着转速的增大而增大，燃油消耗率随转速的增大而减小，接近最大转速时，又增大。

（2）速度特性，发动机转速和飞行高度不变时，亚音速范围内推力随马赫数的增加而下降，燃油消耗率随着马赫数的增加而增加。

（3）高度特性，飞行高度增加，燃油消耗率降低且发动机的推力减小，飞机飞行阻力减小，飞行速度增加，所以说喷气客机节油的基本措施是提高巡航飞行高度。

大气条件（温度、压力及湿度）对发动机工作性能也有影响：

（1）大气气温上升，空气密度变小，推力减小，燃油消耗率增加；

（2）大气压力上升，发动机推力增加，燃油消耗率不变；

（3）大气湿度上升，推力下降，燃油消耗率增大。

七、发动机控制系统

发动机控制系统的作用是确保发动机在各种状态下以最优的调节方式提供可靠低油耗的稳定推力。控制中要求不能喘振、超温、超转，燃油供应既不能过少引起贫油熄火，也不能过多进入富油状态，所以发动机控制需要满足在推

力恒定的状态下或推力改变过程的状态下都能正常工作。

发动机控制分为推力控制、过渡控制和安全限制。推力控制指根据发动机的工作状态和飞行状态，定量向燃烧室供给燃油，获得相应的推力。过渡控制是控制发动机在启动、停车及加减转速的过渡过程中稳定、可靠地工作。安全限制是为了保护发动机安全正常工作，防止发动机超温、超压、超转的保护性控制。发动机在地面条件下工作时受到最大转速、最小贫油熄火、涡轮前燃气温度、压气机喘振边界的限制。

发动机控制系统的控制对象包括燃油流量控制、放气活门和可调静子导向叶片的控制及涡轮间隙的控制等。发动机控制系统经历了液压机械式、监控电子式及全权限数字电子控制的发展。

八、发动机滑油系统

发动机滑油系统的功能是润滑、冷却、清洁、防腐及作为控制和反推系统的作动工作介质。滑油系统主要由滑油箱、增压泵、滑油滤、回油泵、滑油散热器、油气分离器、指示系统和磁性堵塞组成。

按流路发动机滑油系统可分为压力系统、回油系统和通气系统。滑油从滑油箱流经增压泵—滑油滤—调压活门—滑油燃油热交换器—滑油喷嘴为滑油压力系统；滑油给轴承润滑经回油泵、回滑油箱的部分是滑油回油系统；油气分离器和滑油箱增压气路为通气系统。

滑油滤可以过滤滑油中的微粒，需要定期更换。当滑油滤芯堵塞时，油滤进出口压差会使滑油旁通活路打开，滑油不经油滤直接流过，防止发动机轴承干转损坏，同时压差电门接通驾驶舱内的警告灯。在发动机回油油路上安装有磁性堵塞，能将回油滑油中的铁磁性异物吸附在上面，用来判断发动机轴承和齿轮的工作情况，提前发现发动机的故障。

九、启动系统

启动系统的功能是使用外界动力带动发动机以一定速度转动，使发动机加速达到最低的稳定工作转速，以帮助发动机地面启动或空中启动。

发动机启动系统有电启动和空气启动两种方式。电启动使用直流电动机作为动力，用蓄电池就可以启动，多用于小型发动机和辅助动力装置的启动。空气启动是利用空气吹动起动机涡轮高速旋转带动发动机转子旋转启动。空气启动气源来自地面气源车、辅助动力装置或已经启动的发动机。因为空气涡轮起动机具有启动功率大、重量轻、结构简单、使用方便的优点，所以目前民用航空发动机大多采用的是空气启动。

发动机的启动过程是发动机转速由零增加到慢车转速的过程，分为以下三个阶段：首先，起动机带动发动机转子转动，发动机供油点火，到自身开始发出功率为止为第一阶段；接着，起动机和发动机共同带动发动机转子加速，直到起动机脱开为第二阶段；最后，发动机自身带动发动机转子加速，达到稳定工作的最低转速是第三阶段。

十、发动机燃油系统

发动机燃油系统的功能是按需向发动机供给适当流量和压力的燃料。燃油系统主要由低压燃油泵、加热器、主油泵、燃油滤、燃油控制器、流量传感器、燃油/滑油热交换器、喷油嘴等部分组成。

十一、发动机点火系统

发动机点火系统的功用是产生电火花，点燃燃烧室内的混合气。正常情况下点火系统在发动机启动以后就停止工作，但是在雨雪天气或不稳定的气流状态下飞行时，为安全起见点火嘴以低能形式连续点火工作。点火系统由电源、高能点火器、高压导线、点火嘴组成。

十二、发动机附件传动系统

飞机发动机除了为飞机提供动力外，还要带动飞机的液压泵、发电机以及发动机自身的燃油泵、滑油泵等。它们的传动装置被称为发动机附件传动系统。

十三、发动机指示仪表

发动机指示仪表的作用是向驾驶员和飞机系统提供发动机的工作参数。发动机工作参数显示在驾驶舱中央的显示屏上，分主要参数和次要参数。主要参数有发动机压力比（ERP）、排气温度（EGT）、高压涡轮转速（N1）；次要参数有滑油温度、滑油压力、振动、燃油温度/燃油压力、燃油流量等。如果参数超过正常水平，不正常的参数的颜色会变为红色，并通过声音、警告灯提示驾驶员。机上设备会自动记录超限的参数、开始时间及结束时间。

压力比（ERP）的作用是测定发动机喷口和外界之间的压力比，进而求出发动机的推力。

排气温度（EGT）的作用是测量发动机涡轮的工作温度，防止涡轮超温损坏，提高发动机的使用寿命。排气温度使用热电偶测量，镍钴合金和镍锰铝合金导线焊在一起为热端，工作时温差产生电流，电流大小和温差之间存在线形关系，从而测出排气温度值。

高压涡轮转速（N1）指示发动机高压轴工作转速。

十四、发动机冷却系统

发动机热端部件包括涡轮盘、涡轮导向叶片、涡轮叶片、涡轮机匣，设计有冷却气路，通过压力确保内部的冷却空气连续流经散热。齿轮箱和轴承处热量使用滑油冷却。附件如齿轮箱、电机等都有设计独自的散热器或气体冷却管路。

案例分享 2-1

全国优秀共产党员
吴大观：用一生熔铸
"中国心"

任务三　了解飞机系统

飞机系统是为完成各种飞行和任务而安装的各种设备及系统的总称。飞机的主要系统有：液压系统、燃油系统、环境控制系统、电气系统、防冰排雨及氧气系统、防火系统、机上设备系统等。

一、液压系统

（一）液压系统

液压系统是以油液为介质传递动力的系统，压力源给系统增压驱动负载（液压传动装置）。液压系统的优点是体积小、重量轻、传动灵敏准确，作动平稳可靠，工作效率高。根据帕斯卡定理，在充满液体的密封容器中，因为液体的不可压缩性，对液体的任何一部分施加压力，压力都会被液体不变地传到整个容器的任一点。飞机液压系统主要用于飞机操纵，如副翼、方向舵、水平尾翼和扰流片的操纵，也用于起落架、襟翼和减速板的收放、反推操纵等。液压系统是飞机的关键系统，为保证可靠性，飞机上有多个液压系统独立工作。如果有一个系统失效，系统亦能工作维持液压系统功能，保证飞行安全。

液压系统按功能分两大部分：

（1）液压源系统，包括液压增压泵、油箱、油滤、冷却装置、压力调节装置及蓄压器等。除每台发动机带动一个液压泵之外，还有电动液压泵、辅助动力装置带动的液压泵及空气冲压涡轮带动的液压泵。液压系统工作压力越高设备重量越轻，占用空间越少。

（2）工作系统，它是利用液压源提供的液压能量实现工作任务的系统，包括动作执行机构和控制调节元件，能够完成不同形式和顺序的运动，如起落架的收放。

液压油是系统的工作介质，作用是传递压力能量、润滑、冷却和防止锈蚀。液压油要求润滑性好、黏度适中、不易燃、不可压缩。小型飞机一般使用红色矿物油，大型飞机上使用淡紫色合成油。

（二）液压系统的附件

液压系统的附件包括液压油泵、液压阀门、液压作动器、液压马达。

液压油泵的作用是向液压油做功，提供液压油压力和流量，把驱动液压油

泵的机械能量转化为液压能量。民用飞机上普遍采用柱塞泵作为液压源动力装置，它具有工作压力高、流量和压力控制便利的优点。柱塞泵的工作原理是在缸体内环安置有几个柱塞，通过斜盘控制，当转动时，有些柱塞在进油行程，有些在出油行程，缸体转动一圈时每一个活塞都有往复运动的进油和出油行程，连续供油和增压。

液压阀门的作用是控制液流的流量和改变液流的方向：（1）单向阀的功能是使液流只能沿一个方向流通。它由阀芯、弹簧、阀体组成，液流在流动方向上时，压力顶开阀芯弹簧压缩阀门打开，反方向上时，压力顶阀芯油液被阻断。（2）换向阀用来控制系统中的油液流动方向。（3）压力控制阀用来限制或调节液压系统的压力，常用的有溢流阀、减压阀和卸荷阀。（4）流量控制阀通过改变阀内的流通截面积来调节流量，例如当液压保险管路破裂，液压保险流量超过限制时阀门关闭，以免漏光液压油。

液压作动器用来对外做功，把系统的液压能量转换成机械能，提供操纵飞机的作动力。液压作动器分为旋转运动型（液压马达）和往复运动型（作动筒）两种。作动筒工作时液压推动活塞在缸体中做直线运动，通过活塞杆推动机构。液压马达用来驱动螺杆转动，放下和收起飞机襟翼。

二、燃油系统

飞机燃油系统是用来储存所需燃油，并保证飞机在各种高度及姿态下，能根据需要可靠地将洁净的燃油连续供应到发动机和辅助动力的装置。飞机燃油系统由燃油油箱、加放油系统、供油系统、通气增压系统、燃油交输系统和燃油指示系统等部分组成。

大部分现代客机利用位于机翼、中央翼及尾翼内结构的空间储存燃油，这些结构又称整体结构油箱。油箱的最低点有排放活门，用来排出油箱内的沉淀和积水。

燃油加油方式分重力加油和压力加油两种。重力加油作为一种辅助加油方式，可以在没有压力加油设备的情况下使用。压力加油系统加油时，由地面加油车连接在飞机加油接头上，在压力驱动下油料通过加油管路给各个油箱加油，加油接头和加油控制面板装于机翼前梁或起落架舱内。压力加油速度快、自动化程度高，所以现代客机普遍采用这种加油方式。

飞机加油过程中要特别注意安全，避免加油时静电引起的失火和爆炸。飞机加油前要求三接地：飞机接地，加油车接地，加油管接地。加油结束后，应先将加油管内的燃油抽回，再拆下加油接头。

油箱通气系统使飞机在任何姿态时油箱都能和大气相通，防止油箱内外产生压差损坏飞机结构和油箱密封性。为确保发动机顺利供油，油箱需要保持正的压力，利用飞机飞行的速度冲压作用或发动机压气机引气。

飞机飞行时，升力抵消装在机翼内燃油的重力，减轻了机翼的结构重量和载荷。当飞机起飞后需要紧急着陆时，为减轻飞机的重量就需要将油箱内多余的燃油放掉，以免着陆时损坏飞机结构。而且万一紧急着陆失败，多余的燃油会引起飞机燃烧和爆炸，因而从防火安全角度来考虑，飞机降落时燃油不能过多。正常飞行飞机降落时燃油重量已经消耗到可以安全降落了。远程客机上都有紧急排油装置，可以迅速把燃油泄出，使飞机在着陆安全重量以下降落。中短程客机不设紧急排油装置，通过飞机在机场附近空中盘旋飞行耗油的方法，减少机内的燃油至安全油量然后降落的。

重力供油仅限在小型上单翼飞机上使用，因为油箱安装得比发动机高而且距离也不远，依靠重力就能够把油箱中的燃油输到发动机。

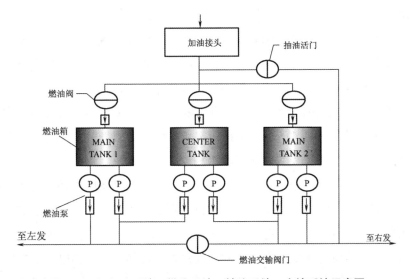

图 2-3-1　加油系统、供油系统、抽油系统、交输系统示意图

现代客机采用压力供油方式，利用机翼内的增压泵把燃油加压送到发动机处。供油系统包括增压泵、引射泵、供油总管、旁通活门、交输活门、燃油关断活门等。增压泵为电动离心式泵，为了吸尽油箱底部的剩油，飞机上还采用引射泵。

燃油系统可以通过油箱之间的管路和活门输送燃油来改变飞机重心。例如左右机翼油箱通过燃油交输活门连接，燃油可以在左翼与右翼之间输送。有些大型飞机尾翼内布置有平衡油箱，不但可以增大航程，而且可以有效减小巡航配平阻力。

三、电气系统

飞机的电气系统由电源系统、输配电系统和用电设备三大部分组成。电气系统的功能是产生、变换和分配电能，确保飞机各系统用电设备的正常工作。

飞机电源系统由主电源、辅助电源、应急电源、二次电源及地面电源接口组成。主电源是发动机驱动的发电机，辅助电源有航空蓄电池和辅助动力系统驱动的发电机。应急电源有冲压空气涡轮发电机，用于应急供电。二次电源是将主电源电能转变为另外一种形式或规格的电能，例如高压交流电变换为低压直流电。

飞机电源系统的主要类型有低压直流系统、变速变频交流电源系统、恒速恒频交流电源系统、变速恒频交流电源系统。客机一般采用单独供电方式，工作时发动机带动不同的发电机分别向各自的汇流条供电。

大型民用飞机电网的连接方式采用三相交流供电系统，电流的参数主要有电压、频率和相数，即115伏、400赫兹和三相。小型飞机使用直流电网，采用单线制，机体作为负线与直流发电机相连。

航空蓄电池放电时把化学能转换为电能，充电时又将电能转化为化学能储存起来。航空蓄电池的功用是启动发动机或辅助动力装置，并在应急的情况下向最重要的飞行仪表、无线电通信、导航、飞机操纵等设备提供电源。

航空蓄电池分为稀硫酸电解质的酸性铅蓄电池和氢氧化物电解质的碱性银锌或镍镉蓄电池。镍镉蓄电池具有放电电压平稳、使用可靠、寿命长的优点，所以被广泛使用于大型飞机上。锂电池已经开始在民用客机中应用，其能量密度高但是有自燃风险。飞机在地面可以使用地面外接电源，接通外接电源时通过汇流条向机上所有负载供电，此时机上电源断开不向汇流条供电，外接电源不同飞机电源并联。

四、照明系统

飞机灯光照明系统分为机内照明、机外照明和应急照明。

机内照明包括驾驶舱照明、客舱照明和仪表指示及警告指示灯光。驾驶舱的灯光照明系统能够照明驾驶舱，并能局部照明操纵台、仪表和操纵装置。客舱照明包括一般照明、乘客单独照明和指示信号牌的照明、货舱及服务舱内的工作照明等。一般照明是由天花板灯和窗花灯照明客舱区域，进口灯和门槛灯给登机口处提供照明，可以通过开关控制明暗。指示信号牌点亮后可以看到牌上的字样，信号牌由开关控制。当开关在自动位，襟翼放下时，系好安全带信号牌自动点亮，若开关在接通位，相应灯点亮，开关在断开位时则灯熄灭。信号牌点亮的同时，喇叭会发出低频咚声，以提醒乘客。

机外照明包括着陆灯、滑行灯、探冰灯、航行灯、防撞灯、航徽标志照明灯等。航行灯用来显示飞机的轮廓，灯的颜色左红右绿尾白。防撞灯又称闪光灯，有电机旋转式、气体脉冲放电式和晶体管开关式等几种类型。

应急照明主要包括紧急降落所需要的仪表的照明，及降落后乘客迅速撤离飞机的通道、出口区域、出口标志的应急照明。登机门上面的出口灯和机舱应急出口灯在飞机电源全部失效时能够自动点亮。有些灯光组件可以从其安装架上拆下，作为手提灯使用。

案例分享 2-2

力挽狂澜的
川航机长

五、飞机座舱环境控制系统

飞机在天空飞行时，随着高度的增加，会产生大气压下降及随之带来的大气中含氧量下降的情况，若超过 4000 米，人就会出现缺氧症状。为确保飞行安全，改善乘客和机组人员的舒适度，特设了保障系统即座舱环境控制系统，它包括氧气系统、增压座舱和空调系统三个组成部分。

（一）氧气系统

民航飞机氧气系统只在紧急情况下救生使用，它由氧源、供氧管路、氧气面罩三部分组成。氧气是用高压气瓶储存的，但有的飞机会有化学的氧气发生器作备用气源。客机上的氧气面罩在乘客座位上方的天花板上，一旦气压降到4500 米高度以上气压高度值，面罩会自动落下，供乘客使用。

（二）增压座舱

飞机飞行高度超过 4000 米后就会使人产生减压症状，喷气式飞机的飞行高度在 7000 米以上，必须给整个座舱供气增压，使舱内压力大于外界大气压。增压的座舱是密封的，所以增压座舱又叫气密座舱，增压后机身蒙皮承受拉应力。

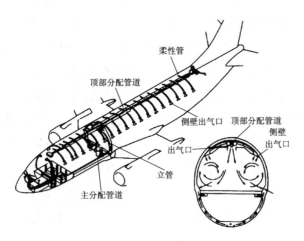

图 2-3-2　压缩空气的分配

客舱增压空气的主要气源是发动机压气机的引气，通常有两个引气口，飞行时由中压级引气，中压引气压力不足时由高压级引气，辅助气源是 APU 的引气，地面工作时使用地面气源车为气源。

（三）空调系统

空调系统用于保证座舱内的温度、湿度，提供舒适安全的飞行环境。

发动机引出的高温空气，经过热交换器冷却，进入空气涡轮机中膨胀冷却，向机舱提供适宜的空气。

六、防冰排雨系统

飞机的防冰排雨系统的主要作用是防止飞机的某些关键部位或部件结冰，并且保证在雨天飞行时驾驶舱风挡的干燥，使其不会妨碍驾驶员的视线。

（一）飞机防冰

飞机结冰会影响飞行性能。结冰的气象条件下飞行的飞机，若无防冰措施，飞机的所有迎风面都可能结冰。飞机结冰会破坏飞机的气动外形，升力减少，阻力增大，使飞机操纵性能下降。若传感器结冰则会导致信号失真和指示失常，导致飞行员不能正确判断飞机状态。

飞机上的主要防冰区域有机翼、尾翼、发动机进气道、螺旋桨、风挡玻璃和测温、测压探头。根据这些部位的不同和防冰所需能量的大小，有不同的防冰方法。

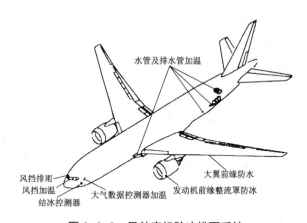

图 2-3-3　民航客机防冰排雨系统

防冰有两种方法：一种是不允许飞机部件结冰的防冰系统，另一种是除冰系统。根据防冰所采用的能量形式，可分成机械除冰系统、电脉冲除冰系统、液体防冰系统、热空气防冰系统和电热防冰系统。

（1）机械除冰就是利用机械方法使冰破碎，然后借助高速气流将冰吹掉。

（2）电脉冲除冰由供电装置（变压整流器及电容式储能器组成的脉冲发生器）、程序器和感应器等几部分组成。电热冰刀首先将冰分割成小块冰块，脉冲发生器产生电脉冲，它作用在感应器上，使蒙皮产生作用时间很短的脉冲，并产生小振幅高频率振动使冰脱落，这样可将冰很快除去。

（3）液体防冰是一种物理防冰方法，它的基本原理是借助某种液体减小冰与飞机表面附着力或降低水在飞机防冰表面的冻结温度。液体防冰系统连续地或周期地向防冰表面喷射工作液体。要求工作液体具有凝结温度低、与水混合性能好、与防冰表面附着力强、对防冰表面没有化学腐蚀作用、无毒以及防火性能好等特点。

（4）热空气防冰系统的热源充足，能量大，通常用于机翼和尾翼的大面积防冰。

热空气的来源主要有如下三种类型：

其一，发动机压气机引气。涡扇发动机压气机引气，用于大翼或水平安定面前缘、发动机整流罩的热防冰。

其二，发动机排气热交换器。在活塞发动机飞机上采用发动机排气热交换器产生热空气。热交换器的热气流是发动机的废燃气，冷气流来自外界大气。大气流经热交换器被加热后送入防冰系统作为加温热空气。

其三，燃烧加温器，外界空气流过燃烧加温器后被加热，然后被输送到防冰系统。

（5）电热防冰通过向加温元件通电后产生热量。电热防冰主要用于小部件、小面积的防冰，空速管、迎角探测器、总温探头、水管、驾驶舱风挡等多采用电热防冰。探头加温有的不能在地面进行，有的则可通过空地感应电门进行功率转换，在地面时小功率加温，在空中正常加温。

（二）防雨装置

飞机防雨主要是防止雨水在风挡玻璃上聚集，保持驾驶员的良好视线。中小型飞机采用的是和汽车同样的雨刷来刷去雨水，只不过这种雨刷要承担更大的速度和空气动力载荷，功率更大。大型飞机多使用化学液体喷洒在风挡上，这种防雨液的作用是使雨片聚积成球状，不在玻璃上依附然后被吹走，因而不影响视线。这种方法只有在雨水较大能把风挡玻璃湿透时才能使用，在雨水较小时，防雨液可能黏在玻璃上，清洗较困难，也有的飞机从发动机引来热气吹在风挡外面来防雨。

七、防火系统

防火系统用于当飞机发生火险后迅速发现并扑灭火源。防火系统包括火警探测系统和灭火系统。火警探测系统由发动机和辅助动力装置火警探测、货舱温度和烟雾探测、机轮舱和引气管道过热探测等组成。灭火系统分别由灭火剂贮存、灭火剂释放功能等组成。防火系统平常不工作，但万一发生火险必须迅速扑灭起火，因此需要定期检查、测试保证系统的可靠性。

（一）火警探测系统

火警探测系统的工作原理是将着火发生时的特征物理量转换成电信号，超过阈值时，接通火险报警。火警探测系统按照探测部位的不同分为单元型和连续型两种。单元型火警探测器用于探测最有可能发生火险处的部位温度，是点探测器，分为熔化—连接开关和热电偶探测器两种。连续型火警探测器可以对可能的防火区域进行全方位的探测，是面探测器。系统通过电线或管路围绕防火区形成探温环路，分为电阻型和电容型两种。电阻型探温环路在正常温度下，环路内通过微量电流不足以作动火警警告，温度上升时，因为材料的负温度电阻特性，电流超过预定值，接通火警警告电路。电容型探温环路利用温度和电容同比的特性探测火警，它与电阻式相比，优点是探温环路的接地或短路时不会产生错误的火警信号。

烟雾探测系统安装在飞机的货舱、设备舱、厕所等处，它利用探测燃烧烟雾来判断火险是否存在，包括 CO 探测和烟雾探测。CO 探测器用于客舱和驾驶舱的火警探测，飞机燃烧时产生大量的 CO，通过指示器的变色来判断 CO 浓度，进而判断火警。烟雾探测器分为光电池型和电离型两种。光电池型烟雾探测器中有烟雾时，烟雾微粒被光线照射反射，引起光电池产生电流，经放大后接通警告灯和警铃。电离型探测器内有被电离的空气，当烟雾进入探测室内时，烟雾被吸附在空气离子上，会减弱空气的电离度。

火警探测系统在使用中经常会发生虚假火警，但若为了减小虚警而提高报

警阈值又有可能漏报火警，引起严重的后果，因此有专门的火警试验电路，用来定期测试检查系统的探温环路工作是否正常。

（二）灭火系统

火警探测系统发现火警发出声音和灯光警告，驾驶员操作灭火手柄激励电爆管引爆灭火剂释放口，将灭火剂释放到相应区域。当火警探测系统没有触发火警信号，灭火瓶温度过高时，易熔塞熔化，灭火瓶释放压力，自动排出灭火剂，此时红色的灭火瓶释放指示器标贴被吹掉。

八、机上设备

机上设备的作用是保证乘客和机组人员有舒适、方便的生活环境，提供行李、货物的存放，并在紧急情况下保证人员的安全。

（一）驾驶舱设备

驾驶舱内安置了飞机系统、发动机和无线电电子设备的操纵装置以及上述系统的显示仪表。两套飞行和导航仪表分别列在正、副驾驶员前面的显示屏上，中间是显示飞机发动机状态和各系统检查的显示屏。正、副驾驶员座椅中间的位置是中央操纵台，安置了发动机油门杆、襟翼控制杆及通信导航设备。正副驾驶员座椅可以上下前后调节。

（二）客舱设备

客舱是乘客在空中旅行时生活的地方。客舱的布局可以按照需要任意改变，以适应航空公司不同的使用需要。客机客舱分头等舱、商务舱、经济舱三个等级，之间用可拆卸的隔板隔开，不同等级的客舱除座椅不同外，座位的宽度和排距也不一样。头等舱机舱内装有阻燃材料制成的壁板和天花板。在机身里紧贴内蒙皮处铺有隔热隔音棉层，以减少使用过程中机舱与外界的热交换和降低噪声。

（三）厨房和卫生间

飞机厨房的大小按照乘客人数的多少配置，厨房的布置按照供餐路线最短分布。单通道窄体客机厨房布置在机舱尾部，双通道宽体客机厨房布置在机舱头尾两部，而很多中小型短途客机没有厨房。厨房中有电加热烤箱、烧水器、冰箱，还有食品柜和废物箱。飞机上有专门的水箱储存饮用水，水箱由增压空气加压。为了避免在高空飞行中水箱水管冻结爆裂，水管带有加热装置。

飞机卫生间按照飞机的大小分别安置在前后机舱，卫生间冲洗马桶的水储存在污水箱内。

（四）货舱

客机货舱：客机客舱地板下面是货舱，用来存放乘客的托运行李，除此之外货舱还可以运输货物产生货运收入。因为机身结构限制货舱门不能做得太大。

专用货机中很大部分是由客机改装来的，在机身侧面改装出货舱门，以使标准航空集装箱进入货舱。为加快货物装卸的速度，提高飞机的使用效率，货舱内有滚棒系统。

任务四　了解航空电子系统

机载设备及系统是为完成各种飞行和任务而安装的各种设备及系统的总称，主要用作导航、通信、座舱显示与环境控制、信息综合与处理及飞机发动机和机上系统的控制与管理等。

一、飞机的仪表系统

飞机的电子仪表系统共分为三部分，飞行控制仪表系统、导航系统和通信系统。飞机的电子仪表系统是飞机感知和处理外部情况并控制飞行状态的核

心，相当于人的大脑及神经系统，对保障飞行安全、改善飞行性能起着关键作用。

（一）飞行控制系统

飞行控制系统的基本功能是控制飞机气动操纵面，改变飞机的布局，增加飞机的稳定性、改善操纵品质、优化飞行性能。其具体功能有：保持飞机姿态和航向；控制空速及飞行轨迹；自动导航和自动着陆。该系统的作用是减轻飞行员工作负担，做到安全飞行，提高完成任务的效率和经济性。

飞行控制系统一般由传感器、计算机、伺服作动器、控制显示装置、检测装置及能源部分组成。

飞机的控制仪表系统通过提供飞机飞行中的各种信息和数据，使驾驶员及时了解飞行情况，从而对飞机进行控制以顺利完成飞行任务。早期的飞机飞行又低又慢，只装有温度计和气压计等简单仪表，其他信息主要是靠飞行员的感觉获得。现在的飞机大量使用屏幕显示的数字化仪表，并可通过抬头显示器HUD指示关键信息。飞行控制仪表包括以下几种类型。

（1）第一类是大气数据仪表，由气压高度表、飞行速度表、气温度表、大气数据计算机等组成；

（2）第二类是飞行姿态指引仪表，该系统可提供一套精确的飞机姿态数据如位置、倾斜、航向、速度和加速度等，实现了飞机导航、控制及显示的一体化；

（3）第三类是惯性基准系统，主要包括陀螺仪表。20世纪70年代以前是机械式陀螺，现代客机使用更先进的激光陀螺。

（二）电子综合仪表系统

电子综合仪表系统由两大部分组成，一是电子飞行仪表系统（包括电子水平状态指示器、电子姿态指引仪、符号发生器及方式控制面板、信号仪表选择板等）；一是发动机指示与机组警告系统，可以显示发动机的参数并对其进行自动监控。

（三）飞机自动驾驶系统

1914 年美国人斯派雷率先利用陀螺仪控制和纠正飞机的飞行姿态；20 世纪 30 年代发展成可控制和保持飞机的高度、速度及航迹的自动驾驶仪；50 年代时又出现导航系统、仪表着陆系统相配合的自动驾驶仪，实现飞机长距离自动飞行、起飞和着陆；而到 70 年代中期，因为计算机的应用，自动驾驶仪实现了更高程度的自动化。

飞机自动驾驶系统由四个部分组成：①自动驾驶仪指引系统；②推力管理系统；③偏航阻尼系统；④水平安定面自动配平系统。

二、飞机综合电子控制系统

（一）飞行管理系统

飞行管理系统（FMCS）是用计算机为核心的高级区域导航、制导系统和性能管理系统，由飞行管理计算机系统、惯性基准系统、自动飞行控制系统和自动油门系统等独立系统组成。

飞行管理系统输入起飞机场、目的机场、待飞航线（至少指定起飞机场和目的机场之间的一个航路点），即可根据惯性基准系统和无线电导航设备信号，计算出飞机的即时位置，发出指令到飞行控制系统，引导飞机到达目的地。

飞行管理系统根据飞机所在位置、性能参数、目的机场经纬度、可用跑道、各航路点位置、无线电导航台、等待航线、进近程序等进行综合分析，确定飞机速度、航向、爬高/下降角、升降速度、阶梯爬高、下降等指令，提供飞机起飞到进近着陆的横向和垂直最优飞行剖面，引导飞机按优化轨迹飞行。

（二）飞行信息记录系统（俗称"黑匣子"）

它包括两个部分：一个是数字飞行数据记录器。它能将飞机系统工作状况和发动机工作参数等飞行参数都记录下来。记录器可记录多种数据，其中有 16 种是必录数据（主要是加速度、姿态、空速、时间、推力及各操纵面的位置）。另一个是驾驶舱话音记录器。驾驶舱话音记录器上的 4 条音轨分别记录

飞行员与地面指挥机构的通话，正、副驾驶员之间的对话，机长、空中小姐对乘客的讲话以及驾驶舱内各种声音。飞行信息记录系统的用途包括：①事故分析——记录的数据在飞机失事后再现，用模拟器模拟，它是分析事故原因最直接可行的方法，国际民航组织规定大型民航机必须安装飞行记录器；②用于维修——从这些记录上可以发现出现的故障，从而适时进行维修；③用于监控飞行质量——从这些记录上可以发现飞行员的不安全操作，及时加以纠正。

黑匣子通常安装在飞机尾部最安全的部位，也就是失事时最不易损坏的部位，并带有自动信号发生器和水下超大型定位标。

黑匣子并不是黑色的，为了便于人们搜寻，它被涂上了国际通用的警告色——鲜艳的橘黄色。

（三）增强型近地警告系统

增强型近地警告系统使用自身的全球机场位置数据库和地形数据库，综合飞机位置、气压高度和飞行轨迹信息来确定潜在的撞地危险，并通过灯光和声音警告驾驶员飞机正在以不安全的方式或速度靠近地面，预防因疏忽或计算不周而发生的可控飞行触地事故。

（四）空中警告及避撞系统

空中警告及避撞系统（TCAS）主要由询问器、应答机、收发机和计算机组成。防撞系统可显示飞机相互之间的距离间隔及编号、航向和高度信息，并在不安全接近时提供告警，同时帮助驾驶员以适当机动方式躲避危险，避免灾难性相撞事故的发生。

系统监视范围一般为前方30海里，上、下方为3000米。TCAS的询问器发出脉冲信号，这种无线电信号称为询问信号，当其他飞机的应答器接收到询问信号时，会发射应答信号。TCAS的计算机根据发射信号和应答信号间的时间间隔来计算距离，同时根据方向天线确定方位，为驾驶员提供信息和警告，显示在驾驶员的导航信息显示器上。

（五）电传操纵系统

电传操纵就是把传统的对飞机的机械操纵全部改为电信号代替，与机械系统相比减少了运动摩擦和操作时间延迟的发生，其操纵灵敏性更高，避免了原来的手动操纵与自动操纵间转换时的不协调，并减少了操纵系统的重量。电传操纵与飞机仪表和航电系统交联提高了飞行自动化水平，大大提高了客机的飞行安全。我国自行研制的 C919 客机使用了先进的数字化电传操纵技术。

三、导航系统

飞机导航系统是用来确定飞机位置、速度和航向并引导飞机按预定航线飞行的整套设备。

根据工作原理，导航系统可分为他备式导航和自备式导航两大类。他备式导航系统的数据是由飞机上的导航设备依靠外部的基准导航台（包括地面或卫星）取得，包括各种无线电导航系统，如塔康、伏尔、罗兰、奥米加以及卫星导航系统等。自备式导航是指导航信息完全取自载体上的导航设备，导航系统不依靠任何外界设备完全独立自主地工作，包括惯性导航、天文导航等。组合导航系统是两种或两种以上导航系统的结合，这类系统多以惯性导航作为分系统，然后构成惯性 / 多普勒、惯性 / 罗兰、惯性 / 奥米加、惯性 / 天文和惯性 / 全球定位等组合系统。

根据作用距离不等，机载导航系统可分为远程、中近程、区域和进场着陆几种。

（一）远程导航系统

通常把作用距离达几千千米以上的归为远程导航系统，目前绝大部分飞机的无线电导航使用全球定位系统（GPS），它属于测距型卫星导航系统。

（二）中近程导航系统

典型的有无线电罗盘、台卡、伏尔和塔康（TACAN）等。

（三）区域导航系统

典型的区域导航系统包括 VOR、DME、大气数据计算机等。

（四）进场着陆系统

进场着陆是飞机航行的最后一个重要阶段。飞机沿下滑线从30~50千米处开始，一直降至跑道延长线上空20~30千米高度处，这一阶段称为进场；飞机在垂直平面内，由曲线飞行至触地，并沿跑道滑行至完全停止，这一阶段称为着陆。仪表着陆系统（ILS）是国际上广泛采用的标准无线电进场着陆系统；微波着陆系统（MLS）则是着陆系统的新发展，其主要优点是精度高，可满足Ⅲ类着陆要求。

仪表着陆系统能在低天气标准或驾驶员看不到任何目视参考的天气下，引导飞机进近着陆。

仪表着陆系统通常由一个甚高频（VHF）航向信标台、一个特高频（UHF）下滑信标台和几个甚高频（VHF）指点标组成。航向信标台给出与跑道中心线对准的航向面，下滑信标给出仰角2.5°~3.5°的下滑面，航向面和下滑面的交线即是仪表着陆系统给出的飞机进近着陆的准确路线。指点标沿进近路线提供校准点即距离跑道入口一定距离处的高度校验。飞机从建立盲降到最后着陆阶段过程，若飞机低于盲降提供的下滑线，盲降系统就会发出警告。

盲降的作用在天气恶劣、能见度低的情况下给飞机提供一个可靠的进近着陆通道，以便让驾驶员掌握位置、方位、下降高度，操纵飞机安全着陆。

盲降给飞机提供的进近着陆标准可分为Ⅰ、Ⅱ、Ⅲ类标准。

Ⅰ类盲降的天气标准是前方能见度不低于800米（半英里）或跑道视程不小于550米，着陆最低标准的决断高不低于60米（200英尺）。也就是说，Ⅰ类盲降系统可引导飞机在下滑道上，自动驾驶下降至机轮距跑道标高60米的高度。若在此高度驾驶员能看清跑道即可实施落地，否则就得复飞。

Ⅱ类盲降标准是前方能见度为400米（1/4英里）或跑道视程不小于350米，着陆最低标准的决断高不低于30米（100英尺）。同Ⅰ类一样，自动驾驶下降至决断高度30米，若驾驶员目视到跑道，即可实施着陆，否则就得复飞。

Ⅲ类盲降的天气标准指任何高度都不能有效地看到跑道，只能由驾驶员自行做出着陆的决定，无决断高度。

Ⅲ类盲降又可细分为ⅢA、ⅢB、ⅢC三个子类。

ⅢA类的天气标准是前方能见度200米（700英尺），决断高度低于30

米或无决断高度，但应考虑有足够的中止着陆距离，跑道视程不小于 200 米。

ⅢB 类的天气标准是前方能见度 50 米（150 英尺），决断高度低于 15 米或无决断高度，跑道视程小于 200 米但不小于 50 米，保证接地后有足够允许滑行的距离。

ⅢC 类是无决断高度和无跑道视程的限制，也就是说"伸手不见五指"的情况下，凭借盲降引导可自动驾驶安全着陆滑行。目前 ICAO 还没有批准ⅢC 类运行。

四、通信系统

通信系统是指完成通信过程的全部设备和传输媒介，作用是实现飞机与飞机之间、飞机与地面（水上）之间信息的传输。机载通信系统主要由机载通信设备、机内通话设备、通信终端设备和数据传输引导等设备组成。其中机载通信设备主要包括高频（HF）、甚高频（VHF）、超高频（UHF）和甚高频（VHF）/超高频（VHF）通信设备，卫星通信设备及救生通信电台等。

机载通信设备主要承担指挥、联络和内部通信三个方面的任务。它具有三种通信形式：近距离通信、远距离通信和机内通信。

（一）甚高频通信系统（Very High Frequency，VHF）

甚高频无线电波有效作用范围较短，作用距离随高度变化，在高度为 300 米时距离为 74 公里。甚高频通信系统是目前民航飞机主要的通信工具，用于飞机在起飞、降落或通过控制空域时机组人员和地面管制人员的双向语音通信。起飞和降落时期是驾驶员处理问题最繁忙的时期，也是飞行中最容易发生事故的时期，因此必须保证甚高频通信的高度可靠，民航飞机上一般都装有一套以上的备用系统。

甚高频通信系统由收发机组、控制盒和天线三部分组成。收发机组用频率合成器提供稳定的基准频率，然后和信号一起通过天线发射出去。接收部分则从天线上收到信号，经过放大、检波、静噪后变成音频信号，输入驾驶员的耳机。天线为刀形，一般在机腹和机背上都有安装。

甚高频所使用的频率范围按照国际民航组织的统一规定在 118.000~

135.975MHz，每 25KHz 为一个频道，可设置 720 个频道由飞机和地面控制台选用，频率具体分配为：① 118.000~121.400MHz、123.675~128.800MHz 和 132.025~135.975MHz 三个频段主要用于空中交通管制人员与飞机驾驶员间的通话；② 121.100MHz、121.200MHz 用于空中飞行情报服务；

③ 121.500MHz 定为遇难呼救的全世界统一的频道；

④ 121.600~121.925MHz 主要用于地面管制。

甚高频通信信号是调幅的，通话双方使用同一频率，一方发送完毕后需停止发射等待对方信号。

（二）高频通信系统（High Frequency，HF）

高频通信系统是远距离通信系统，利电离层的反射通信距离可达数千公里，用于飞行中保持与基地和远方航站的联络。使用的频率范围为 2~30MHz，每 1 KHz 为一个频道。大型飞机一般装有两套高频通信系统，使用单边带通信，由收发机组、天线耦合器、控制盒和天线组成。

（三）选择呼叫系统（SELCAL）

当地面呼叫一架飞机时，飞机上的选择呼叫系统以灯光和音响通知机组有人呼叫，从而进行联络。每架飞机上的选择呼叫必须有一个特定的四位字母代码，机上的通信系统都调在指定的频率上。当地面的高频或甚高频系统发出呼叫包含着四字代码的脉冲，飞机收到这个呼叫信号后便会输入译码器，如果呼叫的代码与飞机代码相符，则译码器把驾驶舱信号灯和音响器接通，通知驾驶员进行通话。

（四）音频综合系统

包括飞机内部的通话系统，如机组人员之间的通话系统，对旅客的广播和电视等娱乐设施以及飞机在地面时机组人员和地面维护人员之间的通话系统。它分为飞行内话系统、勤务内话系统、客舱广播及娱乐系统、呼唤系统。

1. 飞行内话系统

飞行内话系统的主要功能是使驾驶员使用音频选择盒，把话筒连接到所选择的通信系统，向外发射信号，同时使这个系统的音频信号输入驾驶员的耳机或扬声器中，也可以用这个系统选择收听从各种导航设备发来的音频信号或利用相连的线路进行机组成员之间的通话。

2. 勤务内话系统

它是指在飞机上各个服务站位，包括驾驶舱、客舱、乘务员、地面服务维修人员站位上安装的话筒或插孔组成的通话系统，机组人员之间和机组与地面服务人员之间利用它进行联络，如地面维护服务站位一般是安装在前起落架上方，地面人员将话筒接头插入插孔就可与机内人员进行通话。

3. 客舱广播及娱乐系统

它是机内向旅客广播通知和放送音乐的系统，各种客机的旅客娱乐系统区别较大。旅客广播系统（PA）用来供驾驶员或空服人员通过客舱喇叭向旅客进行广播、播放预录音频或音乐。客舱服务员面板用于乘务人员向旅客广播，上面装有手提话筒。放音机用于播放登机音乐和预录的广播，具有紧急情况下自动播放的功能。例如客舱失压时，压力传感器接通电路发出紧急播放请求，放音机自动播放紧急信息。广播的优先权通过逻辑电路进行控制，分别为：驾驶舱广播、乘务员广播、自动信息广播、登机音乐广播。旅客娱乐系统用于向旅客提供影音、游戏、网络、信息交互等服务。

4. 呼唤系统

与内话系统相配合，呼唤系统由各站位上的呼唤灯和谐音器及呼唤按钮组成，如果某一个内话站位上的人员按下要通话的站位按钮，那个站位的扬声器发出声音或接通指示灯，以呼唤对方接通电话。呼唤系统还包括旅客座椅上呼唤乘务员的按钮和乘务员站位的指示灯。

思考与练习

1. 简述飞机各组成部分的名称。

2. 请简述机翼各部分的名称及其功能。

3. 什么是安装角？飞机机翼安装角的类型有哪几类？

4. 简单说明机身的基本结构。

5. 请简述尾翼及起落架的功能。

6. 请简述起落架的分类及其机构。

7. 请描述飞机发动机的类型以及各种发动机的工作原理。

8. 什么是飞机的辅助动力装置？辅助动力装置有何作用？

9. 大气条件的变化如何影响发动机的工作性能？

10. 简述飞机各主要系统及其主要功能。

学习效果检测

扫描下方二维码，检测你的学习效果。

02

学习检测

项目三
了解飞行的基本原理

项目导读

　　大气层中的各种现象和空气动力对飞机飞行安全有重要的影响，通过本章的学习，使读者了解大气与飞行的关系、飞机正常飞行的五个阶段以及飞行的控制等知识，更好地理解飞行安全的重要性。

学习目标

　　知识目标：熟悉大气层的构成；理解不同的气象气候条件对飞行安全的影响；熟悉飞机飞行的五个阶段；了解流体连续性定理和伯努利定理；理解飞机的平衡、飞机的稳定性和飞机的操纵性等飞行控制的基本原理。

　　技能目标：掌握大气层各部分的构成；掌握各种不同的气象气候条件对飞行安全的制约；掌握飞行的五个阶段的常识；掌握飞机的飞行控制的基本原理。

　　素质目标：培养规章意识、风险意识、举手意识、红线意识的职业习惯。

📄 案例导入

高飞之志　赤子之心

　　顾诵芬是新中国自行设计飞机的征程开拓者，我国飞机空气动力设计奠基人。他主持设计的歼-8 战斗机是我国自行设计的第一款双发高空高速歼击机。

　　歼-8 首飞试飞时发现飞机在空中做转弯动作时，会出现抖振问题，对高

速飞行的战斗机来说，如果不及时纠正，很有可能发生事故甚至导致机身解体。为从根本上解决问题，顾诵芬做出了一个大胆的决定——自己上天，亲自观察抖振原因。顾诵芬先在战机尾翼上面贴上红色的毛线条，高空中气流滑过机身时的状态会被鲜明地反映出来。

胸有丘壑，腹有乾坤，方能从容若定。三上云霄近距离观察后，顾诵芬很快就找到问题所在，立即着手修改，歼-8 最终完美研制成功。

咏世德之骏烈，诵先人之清芬。顾诵芬人如其名。他不愿将功劳归于个人，甚至反感这样的提法。唯有重新回到如何发展我国自主研发飞机的话题，才能让老先生心绪重回平静。有那样一个瞬间，我仿佛看到了 85 年前那个立志航空报国，勇往直前的少年，高飞之志、赤子之心，从未改变。

任务一　认识大气与飞行

不论是轻于空气的飞行器还是重于空气的飞行器，都要在大气层中飞行。大气层包围着地球，并随地球旋转着，从地面以上，随着高度的增加，大气密度、压力、温度和声速也在不断变化。大气这些物理性质的变化，首先会直接影响飞行器的空气动力性能，在 50~100 千米的高度上，空气升力就基本消失，而空气阻力的极限在 32 千米以上；其次，气象是与大气运动直接相关的复杂现象，与飞行有着密切的联系；再者，飞行器发动机的工作状况也受大气的影响，特别是空气密度随着高度的增加而减小，发动机功率会相应减小并产生其他方面的变化；最后，飞行高度越高，周围环境与地面的差异也越大，对人体的影响也越大。基于上述原因，我们在研究空气动力学和飞行器时，要先对空气的基本性质和大气的状况有所了解。

一、空气的基本性质

空气是由不同成分的气体分子所组成的。这些分子不停地、无规则地运动着，分子之间有着很大的自由距离。分子以不同的运动速度向不同方向随机运动，并且互相碰撞，它们的动能以热能和压力的形式表现出来。空气按体积计算，氮气约占 78%，氧气约占 21%，其余为二氧化碳、氢、氩、氖、氦等气体。

二、大气飞行环境

包围着地球的空气层叫作大气层。根据不同气象条件和气温变化等特征，可将整个大气分为对流层、平流层（同温层）、中间层、电离层和散逸层五层，如图 3-1-1 所示。

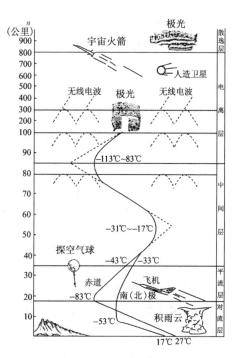

图 3-1-1　大气分层示意图

（一）对流层

对流层是接近地球表面的一层，它的底界是地面，顶界则随纬度、季节等情况而变化。根据观测，对流层顶的高度，就纬度而言，在赤道地区平均为 17~18 千米；在中纬度地区平均为 10~12 千米；在南、北极地区平均为 8~9 千米。例如在广州地区，对流层层顶平均高约 16 千米，而在东北地区则降低为 10 千米左右。就季节而言，对流层顶高夏季高于冬季。

对流层有以下特点：

1. 气温随高度增加而降低

在对流层中，空气受热的直接来源不是太阳，而是地面。太阳放射出的能量，大部分被地面吸收，空气是被太阳晒热的地面而烤热，越临近地面，空气温度就越高。

2. 风向、风速经常变化

同一地区，气温、气压也常会发生变化，使大气产生对流现象，形成风。

3. 空气上下对流激烈

地面各处的温度不同，受热多的空气因膨胀而上升，受热小的空气因冷却而下降，就形成空气上下对流。

4. 有云、雨、雾、雪等天气现象

由于太阳照射，地球表面的水不断蒸发，使大气中常常聚集着各种形态的水蒸气，这就会产生雨、雪、雾和冰雹等气象现象。

对流层的上述特点给飞行带来很大影响。例如：高空飞行时气温低容易引起飞机结冰；温度变化还会引起飞机各金属部件收缩；上下对流空气会使飞机颠簸。

（二）平流层

平流层位于对流层顶的上面，其顶界距离地面 35~40 千米。由于这一层受地球表面影响较小，所以在一定范围内气温基本上保持不变，大约为 -56.51℃，故又称同温层。平流层中几乎没有水蒸气，所以没有雪、雾、云等气象现象，且空气比较稀薄，风向稳定，空气主要是水平流动。

（三）中间层

中间层在平流层之上，顶端离地面 80~100 千米。其特点是，随高度增加，气温先增加，然后降低，到 55 千米高度附近，气温由 -43℃~-33℃升到 -31℃~-17℃；随后，高度增加，气温又开始下降，降到 -83℃以下。中间层有水平方向的风，且风速相当大，在 60 千米高度，风速可达 140 米/秒。

（四）电离层

电离层位于中间层以上，上界离地面约 800 千米，其特点是高度升高气温迅速上升，并且空气具有很大的导电性，故称电离层。由于温度较高，又称暖层。

（五）散逸层

这是大气的最外层，该层内常有一些气体向星际空间散逸，故称散逸层，据推算，散逸层上界离地球表面 2000~3000 千米。

在了解了大气层的构造以后，再归纳一下气温、气压和密度随高度变化的规律。

在对流层内，随着高度的增加，气温随之降低；在平流层内，随着高度的增加，起初气温保持在 −56.5℃，到 20~30 千米高度之后，气温升高很快，到了平流层顶，气温升至 0℃ ~20℃，飞机的飞行活动大多在这个高度内。

三、国际标准大气

飞机的飞行性能与大气状态的主要参数——气温、气压和密度有密切关系。参数随着地理位置、季节、每天的时刻、高度和气象条件的不同而变化。通过大量测量，人们确定了一个大气温度、密度、压力、声速等参数的平均铅垂分布。按照以上规定测算出来的大气参数沿高度的变化，列成表格，称为国际标准大气表，如表 3-1-1 所示。

表 3-1-1 标准大气表

高度（米）	气 压（毫米汞柱）	气温 t（℃）	空气相对密度 Δh $\Delta h = \dfrac{\rho_h}{\rho_0}$	空气密度（千克／米³）	音速 a（米／秒）
−1 000	854.6	+21.50	1.0996	1.3465	345
0	760.0	+15.00	1.0000	1.2250	341
1 000	674.1	+8.50	0.9073	1.1113	337
2 000	596.1	+2.00	0.8215	1.0065	333
3 000	525.7	−4.50	0.7420	0.9094	329
4 000	462.2	−11.00	0.6685	0.8183	325
5 000	405.0	−17.50	0.6007	0.7360	321
6 000	353.8	−24.00	0.5383	0.6586	317
7 000	307.8	−30.50	0.4810	0.5890	313
8 000	266.9	−37.00	0.4284	0.5243	309
9 000	230.5	−43.50	0.3804	0.4479	304
10 000	198.3	−50.00	0.3366	0.4126	300

高度 （米）	气 压 （毫米汞柱）	气温 t （℃）	空气相对密度 Δh $\Delta h = \dfrac{\rho_h}{\rho_0}$	空气密度 （千克／米³）	音速 a （米／秒）
11 000	169.6	−56.50	0.2968	0.3636	296
12 000	144.8	−56.50	0.2535	0.3116	296
13 000	123.7	−56.50	0.2165	0.26556	296
14 000	105.6	−56.50	0.1849	0.2264	296
15 000	90.4	−56.50	0.1579	0.1940	296
16 000	77.1	−56.50	0.1349	0.1656	296
17 000	65.8	−56.50	0.1153	0.1411	296
18 000	56.2	−56.50	0.0984	0.1205	296
19 000	48.0	−56.50	0.0841	0.1029	296
20 000	41.0	−56.50	0.0720	0.0882	296
21 000	35.02	−56.50	0.0614	0.07526	296
22 000	29.90	−56.50	0.0523	0.06409	296
23 000	25.54	−56.50	0.0447	0.05478	296
24 000	21.81	−56.50	0.0382	0.04684	296
25 000	18.63	−56.50	0.0326	0.03998	296
26 000	15.94	−53.50	0.0275	0.03371	297
27 000	13.69	−50.60	0.0233	0.011852	299
28 000	11.79	−47.60	0.0198	0.022430	301
29 000	10.16	−44.60	0.0168	0.02058	303
30 000	8.77	−41.60	0.0144	0.01764	305

国际标准规定，以海平面的高度为零。在海平面，空气的标准状态为：

气压：760mmHg

气温：15℃

声速：341m/s

空气密度：1.225kg/m³

中国国家标准总局于1980年颁布了"中华人民共和国标准大气"（30km

以下部分）。应当注意，各地的实际大气参数是与标准大气存在差别的。

四、飞行高度的确定

飞机的高度表是根据气压来确定高度的，因而就出现了以什么地方的气压确定高度的问题。实际上，在飞行的不同阶段，会使用不同的气压标准来确定高度。

（一）场压高度（QFE）

飞机在起飞和降落时，必须知道和机场之间的相对高度，以确保高度表指示出与机场地面及地面障碍物之间的垂直距离。需要把机场当地海拔的气压高度场压高度调为 0，这样在飞机高度表上读出来的高度就是机场上空的相对高度距离。飞机在起飞前在这里根据当地的气压数据把高度表调 0，对于降落的飞机则在下降一定高度时由塔台通报气压数据，驾驶员把高度表调至场压高度。

（二）海平面气压高度（QNH）

飞机在爬升和下降阶段都要知道它的真实海拔，以便通过航图确定和下面地形之间的高度间距，这时按照气象部门给出的海平面的气压数据作为高度的基准面，高度表上得出的是飞机的实际海拔，也叫绝对高度。想要得到飞机与下方地面之间的真实高度，就用海平面气压高减去由航图上查到的这一位置的标高。

（三）标准气压高度（ISA）

以国际标准大气的基准面（15℃，760 毫米汞柱气压）得到的高度称为标准气压高度，用于飞机的巡航阶段。这是为了使空中飞行的各航空器有统一的高度标准，从而避免因高度基准不同而导致的垂直间隔不够而出现事故。标准气压平面是人为拟定的平面，它的优点是不受大气环境变化的影响，从而避免了因各地气压不同而带来的高度表数据的偏差，保证了飞行安全。

气压做标准的各种高度不管在什么地方，只要气压不变它们的高度值也不

变。但在不同的地区要使用不同基准的高度，因而驾驶员要在飞行过程中根据情况及航管的要求使用不同的气压高度。

五、大气与飞行安全

大气变化引起气象变化，气象因素对飞机的飞行有很大的影响。最直接影响飞机操作和飞行安全的航空气象因素，大致可归纳为风、云、能见度、温度、气压、空气密度、降水和其他显著天气危害如飞机结冰、乱流、低空风切变、浓雾所引起的低能见度等。

（一）地面风

机场依据地面风向来选择跑道方向。如果有较强的逆风，升力增加，起飞的速度就可减少，起飞所需跑道较短，载重量增加。跑道侧风则会增加飞机起降的难度。风速的变化可决定飞机起降阶段的稳定性，一般而言，重型飞机对于风的变化较不易受影响，可在较大侧风下起飞，但是控制其变化的反应力较慢；轻型飞机对于风的变化较容易受影响，但如果降落阶段碰到阵风时，其反应力较快。

（二）高空风

准备飞行计划时需要考虑高空风场数据，规划顺风航线飞行，以节约油耗并增加载运量。例如，飞机在静风中以 500 节速度飞行 3000 海里需要 6 小时，如果在 50 节的顺风中飞行，仅需 5 小时 27 分，约可节省 10% 的时间和 10% 的油料，因此就可增加载重。航空公司由亚太地区飞往美国西海岸国际机场的飞机，冬天常选择由西向东之高空风带（100~200 节）顺风飞行，目的即节省飞行时间和油料。

（三）温度

空气温度与大气密度成反比。高温天气飞机起飞需要更长的跑道，最大载重量降低。

（四）大气压力和空气密度

大气压力和温度二者可以决定空气密度，影响飞机升力。

机场海拔越高，平均气压越低，大气密度变小，因此高海拔机场起飞需要较长的跑道。

飞行中飞机所在的大气气压高度值在不同时间、不同地点和不同高度都在变化。因此，飞机上之高度表读数必须经过适当拨定，才能显示出可用的实际高度。

假设飞机自甲地高压区飞进乙地低压区，若高度表不拨定为乙地的高度表拨定值时，则飞机上高度表所显示高度值比实际高度要高，此时飞机会越飞越低，就会有撞山或重着陆的危险。

再假设，如果有甲、乙两架飞机分别自甲地高压区和乙地低压区对飞，若两架在同一航路上的飞行员均未实时做高度拨定，可能在中途相撞。

（五）飞机结冰

飞机飞经冷却的云层或云雨区域时，迎风处机翼、尾翼、风挡及螺旋桨部分常会积聚冰晶，产生空中结冰现象。飞机在气温0℃～9.4℃的高空飞行时机体上最容易结冰，尤其是积状云，如积云、积雨云和层积云等。

飞机结冰严重会影响飞行安全。机翼、尾翼结冰可破坏产生升力的流线外形，会导致飞机失速坠毁；螺旋桨桨叶结冰或进气道结冰会导致飞机发动机停车失去动力；飞机动压管结冰会导致飞机飞行速度与高度表读数失真。

为了防止飞机结冰需要采取以下措施：

（1）冬季客机起飞前如果存在结冰风险，需要使用机场除冰车对飞机表面进行除冰液喷洒；

（2）确保飞机防冰系统功能完好；

（3）飞行航线选择避免进入易结冰区域，避免在危险高度停留。

（六）乱流

飞机飞入对流性云区，例如积云、积雨云和层积云等，由于空气发生上下对流垂直运动，即使飞机在万里无云的高空飞行，也会突感机身颠簸，这就是

所谓的晴空乱流。通常晴空乱流发生在风向突然转变或风速突然增加或减少的地区，即所谓风切作用最大地区。

（七）低空风切变

风切变是指某高度和另一高度间风速的改变。大型飞机在高速飞行时不能立刻适应风切变的变化，在起降阶段遇到风切变就容易发生危险。飞机下降时，风速突然减弱，造成飞机失速，未抵达机场跑道就坠毁；风速突然增强，造成飞机超越跑道降落。飞机爬升时，风速突然减弱，造成飞机爬升角度减小；风速突然增强，造成飞机爬升角度增大。为保证飞行安全，需要加强对风切变的探测和预判，强化飞行员在起降阶段应对低空风切变的训练。

（八）云、浓雾与低能见度

浓雾会影响人类肉眼所能看到的距离，飞行员在低能见度情况下，起降时常看不清跑道，因此在近场时需要各种近场助航设施来引导飞机降落。

任务二　认识飞机的飞行过程

飞机要完成一次飞行任务要经历起飞、爬升、巡航、下降、进近和着陆五个阶段。

知识拓展 3-1

一个国家的起飞

一、起飞阶段

飞机起飞时的直线加速运动是飞机功率最大和驾驶员操作最繁忙的时候，也是对飞行安全影响最大的阶段。飞机起飞分为两个阶段：首先飞机以最大功率在地面滑跑，在起始阶段，驾驶员控制前轮方向保持飞机直线前进，当速度达到决断速度 v_1 以前，驾驶员的手不离油门杆，以便在发生突然情况时中止起飞。超过 v_1 后驾驶员必须继续执行起飞，如果中断起飞，飞机会冲出跑道造成事故。速度继续增加到一定数值时，机翼的升力和重量大致相等，驾驶员拉杆向后，飞机绕横轴抬起机头，前轮离地，这个速度成为抬前轮速度。这时飞机离地，起飞的第一阶段滑跑完成，转入起飞的第二阶段，即加速爬升阶段。从松开刹车启动到飞离10.7米高度的地面距离称为飞机的起飞距离，起飞距离越短越好。

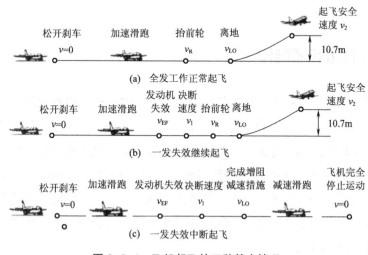

图 3-2-1　飞机起飞的三种基本情况

二、爬升阶段

爬升有两种方式：一种是按固定的角度持续爬升达到预定高度；另一种是阶段式爬升，即飞机升到一定高度后，水平飞行以增加速度，然后再爬升到第二高度，经过几个阶段后爬升到预定高度，由于飞机的升力随速度升高而增加，同时燃油的消耗使飞机的重量不断减轻，因而这样的爬升最节约燃料。

三、巡航阶段

飞机达到预定高度后，保持水平等速飞行状态，这时如果没有天气变化的影响，驾驶员可以按照选定的速度和姿态稳定飞行，飞机几乎不需要操纵。

四、下降阶段

在降落前半小时驾驶员开始降低推力并逐渐降低高度，接近机场的空域上空。

五、进近和着陆阶段

进近也叫进场，指飞机在机场上空由地面管制人员指挥对准跑道下降的阶段。这个阶段飞机需要按规则绕机场飞行后直接对准跑道减速，放下襟翼和起落架。当飞机下滑到离地面 7~8 米高度时，驾驶员要把机头拉起，到 1 米左右高度时使飞机拉平，飞机平行地面下降，一般称为平飘。飞机两个主轮先同时着地，飞机前轮仍然离地，以大仰角滑跑，然后缓慢让飞机低头前轮着地，最后使用刹车和反推装置（喷气飞机）或反桨装置（螺旋桨飞机）使飞机尽快把速度减低，滑出跑道，进入滑行道。

在整个飞行过程中，操作最复杂的是起飞和降落阶段，因而在飞机设计和驾驶员的训练上这两个阶段都是重点。

任务三 认识飞行的基本原理

一、飞机升力的产生

案例分享 3-1

亲自坐上战机上天观测，顾诵芬攻克研制难题

空气流动的时候就会形成风，风作用在物体上就会产生力。无论是空气流过静止的物体，或者是物体在静止的空气中运动，只要有相对运动，就会在物体上产生力，这个力就叫空气动力。

飞机升力是飞机空气动力的一部分。为了弄清这个问题的实质，首先需要

了解关于流动的两个基本规律"连续性定理"和"伯努利定理"。

（一）流体连续性定理

生活经验告诉我们：河水在河道窄的地方流得快，宽的地方流得慢；山谷里的风经常比开阔平原的风大。这些现象说明流体的流速快慢与通道的宽窄有关，窄的地方流得快，宽的地方流得慢。

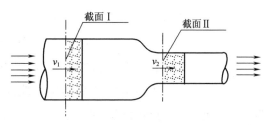

图 3-3-1　流体连续原理——质量守恒

我们做一个简单实验。在一个容器中充满流体，把进口和出口的开关同时打开，让流体从容器中经过剖面不等的管道流出来，并保持流体液面高度不变，这时流体的流动是稳定的。所谓稳定的流动就是流体流动时的物理特性，如速度、密度、压力等，不随时间而变化。按照"质量守恒法则"，单位时间内流入管道的流体质量，应等于流出管道的流体质量。也就是说在单位时间内，流过管道任何一剖面的流体质量都是相等的。否则，流体的质量就会有增有减，不符合质量守恒法则；而且流体的流动也会中断或挤压起来，这就违反流体连续流动的本性。

上述关系还可用数学式表达出来，现在假定单位时间内流过管道剖面 S_1、S_2、S_3 等处的流体质量为 m_1、m_2、m_3，那么写成方程式是：

$$m_1=m_2=m_3\cdots = 常量（即不变量）\tag{1}$$

我们知道，流体在剖面不等的管道内流动的过程中，在单位时间内，流过管道任一切面的流体体积等于流体流过该剖面的速度乘以该剖面面积，再将此值与流体密度相乘，即得出单位时间内流过该剖面的流体质量。即：

$$m=\rho SV\tag{2}$$

式中：m——流体在单位时间内流过任一切面的质量；

　　　ρ——流体密度；

　　　S——管道剖面面积；

　　　V——流速。

将式〔2〕代入式〔1〕中，则得：

$$\rho_1 S_1 V_1 = \rho_2 S_2 V_2 = \rho_3 S_3 V_3 = \cdots = 常量 \qquad [3]$$

这个方程式适用于同一管道的任意剖面上。

如果流过管道的流体速度不快，可以把它看成是不可压缩的。即密度没有变化，上式的 ρ 可以消去，于是得出：

$$S_1 V_1 = S_2 V_2 = S_3 V_3 = \cdots = 常量 \qquad [4]$$

式 [3] 或式 [4] 叫"连续方程式"。由上式可以得出结论：当流体以稳定的流速在管道中流动时，在管道细的地方（剖面面积小），就流得快些，在管道粗的地方（剖面面积大），就流得慢些，也就是说，流体流速的快慢与管道剖面的大小成反比，这就是流体"连续性定理"。流体连续性定理是流体的很重要的基本规律之一，它是"质量守恒法则"的一种具体应用。

（二）伯努利定理

伯努利定理是瑞士物理学家丹尼尔·伯努利于 1738 年提出的。这一定理表述了流体在流动中的压力与流速之间的关系。

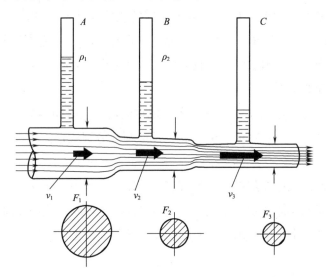

图 3-3-2　容器和管道中流体的流动

根据流线的性质，流体流动速度的快慢，可用流管中流线的疏密程度来表示。流线密的地方，表示流管细，流体流速快，反之就慢。

连续性定理和伯努利定理是空气动力学中两个最基本的定理，它们说明了流管截面积、气流速度和压力这三者之间的关系。综合这两个定理，我们可以得出如下结论：低速定常流动的气体（不可压定常流动），流过的截面积大的地方，速度小，压强大；而截面积小的地方，流速大，压强小。这一结论是解释低速飞机机翼上空气动力产生的根据。

从日常生活中可以观察到空气流速发生变化时，空气压力也会同时改变的规律。例如向两张纸片中间吹气，两张纸不是彼此离开，而是互相靠拢（如图 3-3-3），这说明两张纸中间的空气流程加快，压力降低。两张纸中间的空气压力小于纸片的大气压力，于是在压力差作用下，两纸片靠拢。又如，靠得很近并排行驶的两只船，水在两船之间，好像插进一把楔子，应该把它们分开才是。然而实际上情况却恰恰相反，两船不但不分开，反而会自动靠拢而引起互撞的事故。在航海史上就发生过这种情况。两船之间的水的压力小（以负号"-"表示），而两船外侧水的压力大（以正号"+"表示），内外侧造成压强差，才会把两只船压得互相靠拢。同时，我们由连续性定理可以看出，两船之间由于船舷呈弧形，构成一个中间细两头粗的管道，所以水的流速必然比外侧流速大。由此可见：凡是流速大的地方，流体压强就小，流速小的地方，压强就大（如图 3-3-4）。

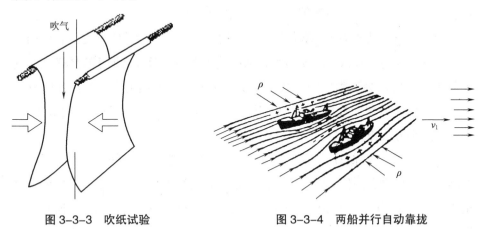

图 3-3-3　吹纸试验　　　　　　　图 3-3-4　两船并行自动靠拢

再看另一个例子，如图 3-3-5 所示，当大风吹过屋顶时，往往会把屋顶掀开，然而初看起来却好像是大风压在屋顶上，把它压得更紧。既然屋顶被掀开，那么这必然是由于屋顶下部的压力大，而上部压力小，因压力差而形成强大的吸力 F，造成一个巨大的压强差，才会造成这种结果。再看空气流动的

情况，可以看出屋顶大致呈弓背形，气流流过这里受到约束而收缩，速度增长（流线变密），即这里的速度 v 大于风速 v_1；而屋顶下面风一般吹不进去，呈静止状态，风速基本上等于零，显然小于风速 v_1。实际上屋内是大气压力。因此，也可以得出和上面相似的结论：流速大的地方，流体的压力就小；反之，就大。

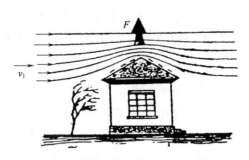

图 3-3-5　大风吹过屋顶，将它掀开

气流中，流速和压力的关系，还可用静压、动压和全压三者的关系来说明。

（1）静压（静压力）：空气作用于物体表面的压力是静压力，简称静压。在静止的空气中，其压力值等于当时当地的大气压力。

（2）动压（动压力）：蕴藏于流动的空气之中。流动的空气受到物体阻挡时，流速（动能）降低，静压增大，动压转化为静压形式施加于物体表面。逆风前进时之所以会感到压力很大，就是这个原理。人们把空气在流速降到零时，静压所能增加的数量，称为动压力。空气的动压力大小与其密度成正比，与气流速平方成正比。

（3）全压（或称总压力）：在流动的空气中，空气流过任何一点时所具有的静压与动压之和，称为空气在该点的全压。飞机飞行时，相对气流中的空气全压，就等于当时飞行高度上的大气压力加上飞机远前方的流动空气所具有的动压。

通过静压、动压和全压三者的关系，可以更确切地表达伯努利定理。即：稳定气流中，在同一流管的各切面（或同一流线的各点）上，空气的静压与动压之和等于常量，即等于全压，由此可见：动压增大，则静压减小，动压减小，则静压增大。

综合上面对气流连续性定理和伯努利定理的叙述，可以总结出下面的结论：流管细的地方，流速大，压力小；反之，流管粗的地方，流速小，压力大。

借助这一结论，就可以初步说明机翼上产生升力的原因了。

二、机翼上的升力

飞机平飞时，流过机翼下面的气流行走的路线要比流过机翼上表面的气流行走的路线短，而它们在同一时间内流过机翼，因而机翼下面的气流流速慢。根据伯努利定理，机翼下的静压力大，而流经机翼上表面的气流路程长、流速快，因而压力小，于是在机翼上部产生大面积的低压区域，因而把机翼吸引向上；而下表面由于和气流平行，机翼平滑通过，它的压力和前方大气压力相差不大。这样，机翼上、下表面的压力差就产生了升力。机翼向前运动，空气必然会产生阻力，阻力和升力的合力形成了图 3-3-8 中的向上、向后的力，叫作空气动力。

机翼前缘和后缘，前缘点和后缘点的连线叫作翼弦。如果机翼抬起它的前缘，翼弦就和气流的方向形成一个角度，这个角度叫作迎角。迎角是翼弦和相对气流方向的夹角。翼弦向上形成正迎角，向下形成负迎角。

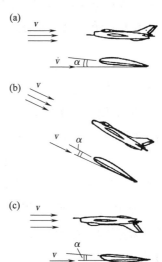

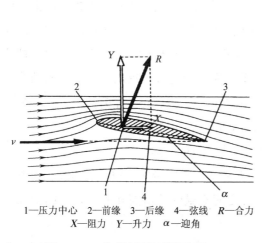

1—压力中心 2—前缘 3—后缘 4—弦线 R—合力
X—阻力 Y—升力 α—迎角

图 3-3-8 机翼剖面与翼面气流

图 3-3-9 气流方向和机翼迎角

我们看一下飞机有迎角时的升力情况：当有了向上的迎角后，气流流过上表面时被压缩，相当于管道变狭窄，速度增加，静压力进一步降低；而在下表面气流受到阻隔，流速变小，压力增高，这种情况与风筝获得升力的情况相似，因而随着迎角的增大，升力增大，同时阻力也在增大。但应注意迎角不能无限制地增大，因为若迎角太大，气体的流线不能连贯，在机翼上表面产生涡流，这时升力会突然降低，阻力继续增加，这种现象叫失速。我们将产生升力最大的迎角叫作临界迎角。

现代民航机都装有失速警告系统，防止飞机迎角过大，进入失速状态。

机翼的升力来自空气的相对运动，没有相对速度，就不会产生升力。由升力来克服阻力，这就构成了飞机的基本受力。

三、飞机上的作用力

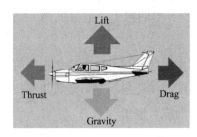

图 3-3-10　飞机上的合力

飞机作用力由两两成对的四个力组成：升力克服重力，推力克服阻力（如图 3-3-10）。飞行中机翼、机身和水平尾翼都产生升力，但机翼是升力的主要来源。升力在机身轴线上的合力点称为气动力中心。飞机上的升力是由机翼面的上下压强差产生的，所以升力和翼面积成正比，从伯努利定理可以看出机翼的上下压差和动压有直接关系，而动压 $=1/2\rho v^2$，因而升力与 $1/2\rho v^2$ 成正比。同样，我们看到飞机的升力和仰角有关，也和翼型上下表面弯曲的情况有关。我们把这两个因素用一个系数 C_y 表示，这个系数用实验的方法求出，对于不同的仰角和不同的翼型有不同的值。它和升力成正比。这样就得到了升力公式：

$$Y = C_y \cdot 1/2\,\rho\,v^2 S = 1/2\rho v^2 C_y S$$

式中：ρ 为空气密度，S 为机翼面积，v 为飞机的空速。

从升力公式可以看出，飞机的速度越大，升力越大；空气的密度 ρ 对升力有直接影响，在大气环境中空气的密度随着温度的增高和海拔高度的增加会变小。

飞机阻力按形成的原因分为摩擦阻力、压差阻力、诱导阻力、干扰阻力和激波阻力。

摩擦阻力是由飞机表面上空气的速度和外界空气速度不同，空气之间的黏滞摩擦而产生，与空气的密度和速度有直接关系。

压差阻力是由飞机前方受到的动压和后方形成的低压的压力差造成，这个力的大小显然和动压 $1/2\rho v^2$ 成正比，也和物体的形状有关。如果飞机做成和流线相符合的形状，它的压差阻力就会减到最小，这种形状称为流线型。

诱导阻力主要是在机翼上产生的，由升力诱发出来的，因而称为诱导阻力。翼面的上方压力小而下方压力大，空气自然要流向压力小的地方。在机翼的中间部分，这种流动不可能实现，而在翼尖部分下面的空气就会绕过机翼流向翼面，这样就在翼尖产生了气流旋涡，从而产生了诱导阻力。这个阻力同样与速度有关，在翼尖加装小翼和在翼面加装翼刀都是降低诱导阻力的方法。

干扰阻力是由飞机两个不同形状部分的结合引起气流干扰而产生的，在机翼和机身接合的部位，机身和尾翼接合的部位都会有干扰阻力产生，减小它的方法是把这些接合的部分尽量平滑地融合在一起，如加装整流罩或做成融合体等。

任务四 了解飞机的飞行控制

一、飞机的平衡

飞机在空中飞行必须考虑三个轴上的运动才能完成飞行任务。飞机运动的三个轴如图 3-4-1 所示，都通过飞机的重心。从机头到机尾的是纵轴（OX），也叫作横滚轴；通过重心和纵轴垂直伸向两翼的轴，叫作横轴（OY），也叫作俯仰轴；与纵轴和横轴组成的平面垂直的轴叫作立轴（OZ），也叫作偏航轴。纵轴和横轴形成的平面称为横向平面，纵轴与垂直轴形成的平面叫纵向平面，是飞机的对称面。飞机绕纵轴的转动称为横滚，绕横轴的转动称为俯仰，绕立轴的转动称为偏航。飞机的各种合力为零时，飞机处于平衡状态，这时飞

机在各个轴上都不转动，只做直线匀速运动。飞机在等速平飞时，就处于平衡状态，这时重力和升力平衡，阻力和推力平衡。如果推力大于阻力，飞机就加速平飞，推力小于阻力，飞机就减速飞行。

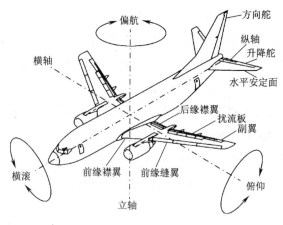

图 3-4-1　飞机上的三个轴

如果飞机做上升和下滑飞行（如图 3-4-2 所示），但速度和方向不变，这时重力会分解为两个力，与立轴平行的分力和升力平衡，与纵轴平行的力在上升飞行时与阻力相加，它们的合力与推力平衡；在下滑飞行时和推力相加，它们的合力与阻力平衡，这种速度与方向不变的飞行统称为稳定飞行。

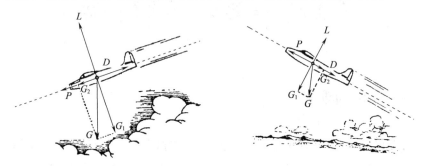

图 3-4-2　上升和下滑飞行的作用力

如果飞机上的作用力不平衡，飞机就要做加速或改变方向的运动。在垂直方向上的力不平衡，如升力大于重力时，由于飞机在前进，飞机将向上做圆周运动，升力和重力之差变为向心力；在重力大于升力时，做向下的圆周运动。如果飞机侧倾，这时飞机的升力不再垂直于地面，它的垂直分力和重力平衡，而水平分力则变为向心力，使飞机向倾斜的一侧转弯。如果飞机方向舵打舵，这时飞机不做倾斜，由方向舵偏转引起的侧向力形成力矩使飞机转弯。

二、飞机的稳定性

飞行中的大部分时间飞机会保持稳定的飞行状态，方向不变，速度不变。当稳定飞行的飞机受外力干扰时，飞机能自动恢复原来的姿态，这种性能叫作飞机的稳定性。要完成飞行任务，飞机还必须通过驾驶员的操纵改变飞行的姿态（高度、方向），以达到预定的航线。飞机对操纵的反应，称作飞机的操纵性。不难看出，稳定性好的飞机，操纵性能就要差一些；反过来，操纵性好的飞机要丧失一部分稳定性。因此设计师根据飞机使用的目的，在二者之间取得平衡，一般来说大型和民用飞机稳定性要求比较高，军用飞机则更多地考虑操纵性。

一个稳定的系统是指这个系统受到干扰时有能力回到原来的状态，稳定的状态必然平衡，而平衡的状态不一定稳定。最简单的例子如图 3-4-3 所示，小球在三种情况中都是平衡的。

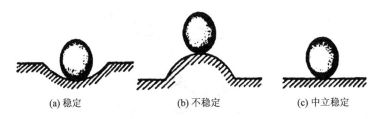

(a) 稳定　　　　　　(b) 不稳定　　　　　　(c) 中立稳定

图 3-4-3　圆球的三种稳定状态

在（a）的情况时，小球处于凹面中，当外力干扰消失后，它仍会回到原来状态，这个系统是稳定的或称为静稳定的。在（b）的状态，小球处于凸面，只要有一点外力，小球就会离开原位，不会自动回来，这种系统是不稳定的。在（c）的情况下，外力干扰虽然会改变球的位置，但小球在各处都是稳定的，称为中立稳定。飞机飞行也有这三种情况：飞机在平飞时，如果短时间的气流干扰后，驾驶员不加操纵，飞机自己恢复了原来的飞行状态，就是稳定状态；如果干扰之后飞机不能恢复，而且继续偏离原来状态，这就是不稳定的；如果干扰之后，飞机在新状态下保持新的平衡，这就是随遇稳定。

（一）飞机的纵向稳定性

飞机绕横轴（俯仰）的稳定性，称为纵向稳定性。飞机的重力是通过重心的，而机翼上产生的升力的合力是作用在机身纵轴上的一点，称为气动力中心，在飞机重心之后。如果没有其他力作用，飞机就会趋于低头，因而飞机的水平尾翼要产生一个向下的力来使飞机在纵向的力矩保持平衡，使飞机能水平飞行，所以水平尾翼在保持飞机的纵向稳定上有重要作用（如图3-4-4所示）。如果飞机以一定的迎角水平直线飞行，一个干扰（阵风）使飞机抬头，迎角增大，干扰之后飞机的机头方向仍保持向上，这时水平尾翼的迎角也增大，从而使水平尾翼上的升力增加，抵消了原来水平尾翼上向下的力，机头在重力力矩的作用下回到原来的迎角，经过一段时间的摆动后，飞机回到原来状态，这时水平尾翼上的迎角也回到原来状态，增加的升力消失，飞机保持原来姿态飞行。如果干扰使机头向下，则水平尾翼的迎角减少，向下的力增加，使飞机抬头重新回到原来的位置。由此可以看出，飞机的纵向稳定性主要取决于飞机重力和气动中心的位置、水平尾翼的面积和它到气动中心的距离。

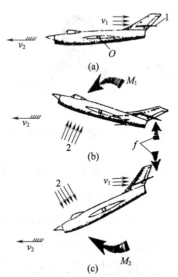

1—水平尾翼 2—阵风 O—飞机重心 f—附加力

M_1—低头力矩 M_2—抬头力矩 v_1—相对风速 v_2—前进速度

图3-4-4 飞机的纵向稳定性

（二）飞机的偏航稳定性

飞机的偏航稳定性也叫作方向稳定性，是飞机绕立轴的稳定性。飞机的飞行方向和飞机纵轴的夹角称为偏航角，在稳定飞行时飞机的纵轴和飞行方向一致，偏航角为0°。而当有阵风干扰时，飞机的纵轴偏离航向，这时产生了偏航角。偏航稳定性指飞机保持偏航稳定的能力，影响偏航稳定性的主要原因是垂直尾翼（如图3-4-5所示）。飞机受到干扰，若机头向左出现了偏航角，但当干扰消失后，相对的气流就会吹到与航向偏斜的垂尾上，这样就产生一个向右的力，这个力产生恢复力矩，使飞机恢复到原来的航向。

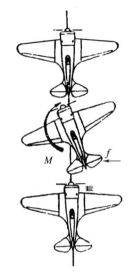

图3-4-5　飞机的偏航稳定性

（三）飞机的横向稳定性

飞机绕纵轴的稳定性叫作横向稳定性，也叫作侧向稳定性。影响侧向稳定的主要原因是机翼的上反角、后掠角和垂尾。机翼与水平线形成的角度，向上的称上反角，向下的称下反角。就上反角的机翼而言，当干扰的作用是使飞机的左翼抬起右翼下沉时，这时飞机的升力就不垂直于地面，它和重心不再平衡，而是形成一个合力，合力指向右下方，飞机就向这个方向运动，我们称之为侧滑。相对的气流就会吹向机翼，由于有上反角，右翼（下沉的机翼）和这股气流形成的迎角 α_1 要大于左翼的迎角 α_2，因而右翼上的升力 Y_1 大于左翼上的 Y_2，从而产生一个使右翼上升，左翼向下围绕重心回转的力矩，经过短时间的摆动，飞机恢复原状。反之，下反角会降低飞机的侧向稳定。对于有后掠角的飞机，由于飞机侧倾有一个侧滑运动。就相对这个方向吹来的侧风，相对风速 v_c 在向下的一边机翼（右边的机翼）上分解为沿机翼的 v_2 和垂直机翼的 v_1，同样在左边机翼上速度分解为沿机翼 v_4 和垂直机翼的 v_1，尽管吹在两个机翼上的风速 v_c 是相等的，但垂直流过机翼的风速则是 v_1 大于 v_3，表明右翼的升力大于左翼，从而产生一个力矩使飞机恢复到原来的位置，这个力矩就是横向稳定力矩，如图3-4-6所示。

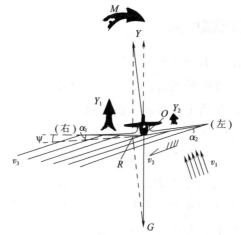

v_1—阵风速度；v_2—侧滑速度；v_3—由侧滑引起的相对风速；

M—恢复力矩；O—飞机重心

图 3-4-6　机翼上反角与侧向稳定

三、飞机的操纵性

　　飞机的操纵性是指飞机在飞行员操纵升降舵、方向舵和副翼下改变其飞行状态的特性。操纵性的好坏与飞机稳定性有密切关系，稳定性越大意味着飞机保持原有飞行状态的能力越强。飞机的操纵性同样包括俯仰操纵性、方向操纵性和横侧操纵性。

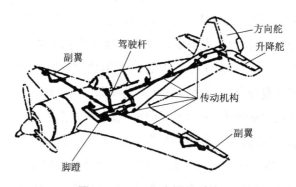

图 3-4-7　飞机主操纵系统

（一）飞机的俯仰操纵性

飞机的俯仰操纵性是飞行员操纵驾驶杆使升降舵偏转之后，飞机绕横轴转动而改变迎角等飞行状态的特性。在直线飞行中，飞行员向后拉驾驶杆，升降舵向上偏转一个角度，在水平尾翼上产生向下的附升力，对飞机重心形成俯仰操作力矩，迫使机头上仰，迎角增大。飞行中，升降舵偏转角越大，气流动力越大，升降舵上的空气动力也越大，从而枢轴力矩也越大，所需杆力（飞行员操纵驾驶杆所施加的力）也越大。

（二）飞机的方向操纵性

飞机的方向操纵性就是在飞行员操纵方向舵后，飞机绕立轴偏转而改变其侧滑角的飞行特性。蹬右舵，飞机产生左侧滑；蹬左舵，飞机产生右侧滑。方向舵偏转后，同样产生方向舵枢轴力矩，飞行员需要用力蹬舵才能保持方向舵偏转角不变。

（三）飞机的横侧操纵性

飞机的横侧操纵性是指在飞行员操纵副翼后，飞机绕纵轴滚转而改变滚转角速度、坡度等飞行状态的特性。比如：飞行员向左压驾驶盘，右副翼下偏，右翼升力增大，左副翼上偏，左翼升力减小，两翼升力之差，形成横侧操纵力矩，使飞机向左加速滚转。

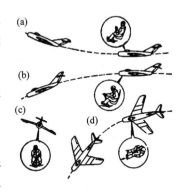

图 3-4-8　飞机操纵动作示意图

飞机的操纵性不是一成不变的，它要受到许多因素的制约，影响飞机操纵性的因素有飞机重心位置的前后移动、飞行的速度、飞行高度、迎角等。

综上所述，升降舵、副机翼、方向舵构成了飞机的主操纵面；飞机上还有辅助操纵面，如襟翼、扰流片、调整片等，在特定的飞行状态下辅助主操纵系统对飞机进行更为有效的操纵。

思考与练习

1. 简述大气层的分层以及各分层的特点。

2. 举例说明不同气象气候条件对飞行安全的影响。

3. 简述飞机飞行全过程。

4. 试用流体连续性定理和伯努利定理解释日常生活中看到的某些现象。

5. 试述飞机的升力是如何产生的。

6. 什么是飞机的稳定性? 什么是飞机的操纵性? 飞机的稳定性和操纵性有什么关系?

学习效果检测

扫描下方二维码, 检测你的学习效果。

03

学习检测

项目四
了解空中交通管理

项目导读

　　本项目主要介绍空中交通服务、空中交通管制服务、航行情报服务、空域规划管理与流量管理，以及新航行系统的基本概念和知识。

学习目标

　　知识目标：了解空中交通管理的任务、空中交通管理的机构组成。

　　技能目标：了解空中飞行的间隔标准；了解机场管制服务、进近管制、区域（航路）管制、程序管制和雷达管制的基本规定；掌握航行情报服务的机构和内容，了解航图、航行资料和航空气象服务；了解空域规划管理、空中交通流量管理、新航行系统的组成及特点。

　　素质目标：牢固树立持续的安全理念和精益求精的职业精神。

📄 案例导入

航管疏忽　机师失误　终酿事故

　　2002年6月29日，来自俄罗斯乌法市的45名少年抵达莫斯科，作为俄罗斯杰出青少年代表，他们受联合国教科文组织的邀请，准备从莫斯科飞往巴塞罗那，进行为期两周的学习和旅行。不过由于领队搞错了机场，所以他们没能赶上当天的航班，只好改签两天后的机票，但人算不如天算，就是这样一个小小的插曲，却永远改变了他们的命运，也彻底葬送了他们的美好前途。

　　莫斯科时间7月1日晚9点35分，45名青少年登上了巴什克利安航空

2937 次航班，与另外 15 名乘客和 9 名机组人员，一同踏上旅途，所乘坐的是一架图 –154 客机。而在另一边，一架 DHL 快运公司的波音 757 货机，也即将从意大利的贝加莫机场起飞，前往比利时首都布鲁塞尔，机上有机组成员 2 人。两条航线就好似一个十字架，恰好交会于瑞士与德国的边境上空。

一般来说，为了避免在空中相撞，所有的飞机都必须严格遵循既定路线，即使航线有交叉，但只要存在高度差，大家还是会相安无事。当然做到这一点的前提，是服从空管的指挥。位于地面的空管，会结合各架次飞机在天空中的位置，合理指挥飞机在空中进行位置上的微调，与此同时，飞机想要调整位置，也需要经过空管的同意。总之，其原理就和交警指挥交通是一样的。但这一次，空管的指令却酿成一场大祸。

当天晚上，苏黎世空管中心有两人值班，由于夜间飞机数量较少，所以其中一人居然擅自离岗，只留下彼得·尼尔森一个人盯着两块雷达显示屏。当晚 23 时 10 分，技术人员来到空管中心，要对雷达系统进行例行维护。虽然维护时间不长，但维护期间必须关闭通话系统，同时，维护也会导致雷达的扫描速度暂时下降，这就意味着，空中如果出现险情，尼尔森是无法及时得知的，这就为灾难的发生埋下了伏笔。

此时，来自俄罗斯的 2937 次航班，飞离德国领空，进入瑞士境内，指挥权从德国空管转移到了尼尔森手中；与此同时，DHL 的波音 757 也即将进入瑞士领空，为了节省燃料，波音 757 请求爬升至 10 800 米的高度，并得到了空管的批准，但此时此刻，2937 次航班也处于同一高度。遗憾的是，虽然危险近在咫尺，但一人盯着两块雷达屏幕的尼尔森，正在不断接到新的调度任务，左右来回移动的他，忙得不可开交，所以他并没有发现有两架飞机处于同一高度，而且行进路径即将交于一点。

通常情况下，如果两架飞机距离太近，有可能发生碰撞的危险，雷达肯定会发出警报，但前面说到，处于维护中的雷达现在反应很慢，无法及时发现险情。德国空管中心倒是发现了危机，但由于两架飞机处于瑞士领空，所以他们没办法与飞行员取得联系，只好打电话通知苏黎世空管中心。但遗憾的是，由于系统维护，苏黎世空管中心的电话系统被临时关闭，打不进去。不过就在千钧一发之际，尼尔森终于发现了异常，他紧急要求 2937 号航班下降 1000 英尺，规避即将到来的波音 757。但此时，2937 号航班的防撞系统却发出了相反的指令，要求飞机上升高度，面对截然不同的指令，机长认为还是空管比较靠谱，于是选择了下降高度。

而在另一边，波音 757 虽然没有收到空管的指令，但却收到了系统给出的下降要求。就这样，波音 757 听从系统选择下降，2937 听从空管，也选择下降，一场灾难已经不可避免了。最终，波音 757 从 2937 的下方穿过，巨大的垂直尾翼如同一把砍刀，瞬间将客机拦腰截断，随即在空中爆炸解体；而失去尾翼的波音 757，在空中拼命挣扎了 2 分钟后，也在乌柏林根坠毁。两架飞机上的 71 人全部遇难。

任务一　了解空中交通管理的任务及机构组成

一、空中交通管理的任务

随着航空活动的快速增长，特别是商业飞行的开展，航空运输涉及的范围越来越广。随着空域中飞机数量和飞行次数的不断增加，为了实现安全和高效飞行，要求飞行活动能按照一定的规则来组织进行，这就是空中交通管理。

空中交通管理的任务是有效地维护和促进空中交通安全，维护空中交通秩序，保障空中交通畅通。空中交通管理（Air Traffic Management，ATM）的内容主要包括空中交通管制（Air Traffic Control，ATC）、空中交通流量管理（Air Traffic Flow Management，ATFM）和空域管理（Air Space Management，ASM）。

空中交通管制是空中交通管理的主要部分，包括空中交通管制服务（Air Traffic Service，ATS）、飞行情报服务（Flight Information Service，FIS）和告警服务（Alarm Service，AS）。空中交通管制服务的任务是防止航空器与航空器相撞及在机动区内航空器与障碍物相撞，维护和加快空中交通的有序流动。飞行情报服务的任务是向飞行中的航空器提供有助于安全和有效实施飞行的建议和情报。告警服务的任务是向有关组织发出需要搜寻援救航空器的通知，并

根据需要协助该组织或协调该项工作的进行。

空中交通流量管理的任务是在空中交通流量接近或达到空中交通管制可用能力时，适时地进行调整，保证空中交通量最佳地流入或通过相应区域，尽可能提高机场、空域可用容量的利用率。

空域管理的任务是依据既定空域结构条件，实现对空域的充分利用，尽可能满足经营人对空域的需求。组织与实施民用航空空中交通管理工作，应当贯彻"保证安全第一，改善服务工作，争取飞行正常"的方针，严密组织，严格管理，严守规章制度。

二、空中交通管理机构

空中交通管制由空中交通管制单位实施。中国民用航空总局空中交通管理局根据国家的规定负责全国民用航空空中交通管理的组织实施，包括空中交通管制、通信导航监视、航行情报和气象服务等。

空中交通管制单位主要包括：塔台空中交通管制室（以下简称塔台管制室），空中交通服务报告室，进近管制室（终端管制室），区域管制室（区域管制中心）等。

塔台管制室负责对本塔台管辖范围内航空器的开车、滑行、起飞、着陆和与其有关的机动飞行的管制工作。在没有机场自动情报服务的塔台管制室，还应当提供航空器起飞、着陆条件等情报。

空中交通服务报告室负责审查航空器的飞行预报及飞行计划，向有关管制室和飞行保障单位通报飞行预报和动态。

进近管制室负责一个或数个机场的航空器进、离场的管制工作。

区域管制室负责向本管制区内受管制的航空器提供空中交通管制服务；受理本管制区内执行通用航空任务的航空器以及在非民用机场起降而航线由民航保障的航空器的飞行申请，负责管制并向有关单位通报飞行预报和动态。

空中交通管制工作由空中交通管制员实施，空中交通管制员实行执照管理制度，执照是执行任务的资格证书，从事空中交通管制工作的人员应当接受养成训练和岗位训练，通过相应的考试取得执照，执照由中国民航局颁发。

空中交通管制员必须掌握气象学、领航学、飞行原理、飞机性能、发动机构造及航空器适航性管理、通信、导航及雷达设备、运输管理学、计算机等方面的知识。

三、飞行间隔标准

知识拓展 4-1

机载避撞系统

空中交通管理的主要任务之一是防止航空器在空中相撞。当空中同一区域航空器很多时，要防止航空器相互的危险接近和相撞，就必须保证任何两个航空器之间有足够的距离。由于航空器的航向不同、速度不同、高度不同，因此必须对航空器在空中相互距离有一套国际通用的规定，这些规定的距离（时间）称为间隔标准。间隔标准是指航空器之间在纵向、横向和垂直方向必须隔开的最小距离，这是最低限度的要求，因此全称应是最低间隔标准。间隔标准分为两类：垂直间隔和水平间隔。

（一）垂直间隔

垂直间隔用高度层区分，称为高度层间隔。

依据民用航空空中交通管理规则，在同一航线有数架航空器同时飞行并且互有影响时，通常应当把每架航空器分别配备在不同的高度层内。当无法配备在不同的巡航高度时，可以允许数架航空器在同一航线、同一高度层内飞行，但是各架航空器之间应当保持规定的纵向间隔。航空器进行航路和航线飞行时，应当按照所配备的巡航飞行高度层飞行。

（1）真航线角在 0 度至 179 度范围内，巡航高度层按照下列方法划分：

高度由 900 米至 8100 米，每隔 600 米为一个高度层；

高度由 8900 米至 12 500 米，每隔 600 米为一个高度层；

高度在 12 500 米以上，每隔 1200 米为一个高度层。

（2）真航线角在 180 度至 359 度范围内，巡航高度层按照下列方法划分：

高度由 600 米至 8400 米，每隔 600 米为一个高度层；

高度由 9200 米至 12 200 米，每隔 600 米为一个高度层；

高度在 13 100 米以上，每隔 1200 米为一个高度层。

（3）飞行高度层应当根据标准大气压条件下假定海平面计算。真航线角应当从航线起点和转弯点量取。

等待空域的最低高度层，距离地面最高障碍物的真实高度不得小于600米。8400米以下，每隔300米为一个等待高度层；8400米至8900米，每隔500米为一个等待高度层；8900米至12 500米，每隔300米为一个等待高度层；12 500米以上，每隔600米为一个等待高度层。

仪表飞行航空器最低垂直间隔标准规定、航空器与地面障碍物之间的最低垂直间隔：航路、航线飞行或者转场飞行的安全高度，在高原和山区应当高出航路中心线、航线两侧各25千米以内最高标高600米；在其他地区应当高出航路中心线、航线两侧各25千米以内最高标高400米。

航空器上一般装有气压高度表和无线电高度表，其中无线电高度表用于确定航空器距地平面的实际高度，气压高度表用于确定航空器距海平面的高度。

（二）水平间隔

1. 目视飞行水平间隔标准

航空器进行目视飞行时，空中交通管制员、飞行指挥员应当根据目视飞行规则的条件，配备垂直间隔、纵向间隔或者横向间隔。

（1）航空器按照目视飞行规则飞行，包括按照目视飞行规则在飞行高度6000米（不含）以上和做跨音速或者超音速飞行，以及飞行高度3000米（不含）以下且指示空速大于450公里/小时飞行时，应当经飞行管制部门批准。

（2）航空器按照目视飞行规则飞行应当符合以下气象条件：航空器与云的水平距离不得小于1500米，垂直距离不得小于300米；高度3000米（含）以上，能见度不得小于8公里，高度3000米以下，能见度不得小于5公里。

（3）同航迹、同高度目视飞行的航空器之间纵向间隔为：指示空速250公里/小时（含）以上的航空器之间，5公里；指示空速250公里/小时以下的航空器之间，2公里。

（4）目视飞行的航空器使用同一跑道起飞、着陆时，当前面起飞的航空器已经飞越使用跑道终端或者开始转弯，或者当前面着陆航空器已经脱离使用跑道，方可允许：

a. 起飞的航空器开始起飞；

b. 正处于最后进近阶段的着陆航空器飞越使用跑道的始端。

2. 仪表飞行水平间隔标准

（1）同航迹、同高度、同速度飞行的航空器之间，纵向间隔为 10 分钟。

（2）同航迹、同高度、不同速度飞行的航空器，当前行航空器保持的真空速比后随航空器快 40 公里 / 小时（含）以上时，两架航空器飞越同一位置报告点后应当有 5 分钟的纵向间隔；当前行航空器保持的真空速比后随航空器快 80 公里 / 小时（含）以上时，则两架航空器飞越同一位置报告点后应当有 3 分钟的纵向间隔。

（3）改变高度的航空器，穿越同航迹的另一航空器的高度层，在上升或者下降至被穿越航空器的上或者下一个高度层之间时，与被穿越的航空器之间应当有 15 分钟的纵向间隔；如果能够利用导航设备经常测定位置和速度，可以缩小为 10 分钟的纵向间隔；如果前后两架航空器飞越同一位置报告点，只有后一架航空器飞越位置报告点 10 分钟内，其中改变高度的航空器开始穿越的时间应当与被穿越航空器之间有 5 分钟的纵向间隔。

（4）改变高度的航空器，穿越逆向飞行的另一航空器的高度层时，如果在预计相遇点前 10 分钟，可以上升或者下降至被穿越航空器的上一个或者下一个高度层；如果在预计相遇点后 10 分钟，可相互穿越或者占用同一高度层；如果接到报告，两架航空器都已经飞越同一无方向信标台或者测距台定位点 2 分钟后，可以相互穿越或者占用同一高度层。

（5）两架航空器在两个导航设备（导航设备之间的距离不小于 50 公里）外侧逆向飞行时，如果能够保证在飞越导航设备时，彼此已经上升或者下降到符合垂直间隔规定的高度层，可以在飞越导航设备前相互穿越。

（6）同高度、航迹交叉飞行的两架航空器，在相互穿越对方航路中心线或者航线时，应当有 15 分钟的纵向间隔；如果可以利用导航设备经常测定位置和速度，应当有 10 分钟的纵向间隔。

（7）两架航空器使用同一全向信标台或者无方向信标台飞行时，航空器之间的横向间隔应当符合下列条件：

a. 使用全向信标台，航空器之间的航迹夹角不小于 15 度，其中一架航空器距离全向信标台 50 公里（含）以上；

b. 使用无方向信标台，航空器之间的航迹夹角不小于 30 度，其中一架航空器距离无方向信标台 50 公里（含）以上。

（8）使用测距台飞行时，航空器之间的纵向间隔应当符合下列规定：

a.同航迹、同高度飞行的航空器，同时使用航路、航线上的同一测距台测距时，纵向间隔为40公里；当前行航空器保持的真空速比后随航空器快40公里／小时（含）以上时，纵向间隔为20公里。

b.同高度、航迹交叉飞行的两架航空器，并且航迹差小于90度，同时使用位于航迹交叉点的测距台测距，纵向间隔为40公里；当前行航空器保持的真空速比后随航空器快40公里／小时（含）以上时，纵向间隔为20公里。

c.同航迹飞行的两架航空器同时使用航路、航线上的同一测距台测距定位，一架航空器穿越另一架保持平飞的航空器所在的高度层时，应当保持不小于20公里的纵向间隔，上升或者下降至被穿越航空器的上或者下一个高度层。

d.逆向飞行的航空器同时使用航路上的同一测距台测距定位，只有两架航空器已相遇过且相距最少20公里时，方可相互穿越或者占用同一高度层。

e.使用测距台配备纵向间隔时，应当符合下列条件：

（a）机载和地面测距设备经过校验，符合规定标准，并正式批准使用，且航空器位于其测距有效范围之内；

（b）有关的航空器之间以及航空器与空中交通管制员或者飞行指挥员之间已建立同频双向联络；

（c）使用测距台实施飞行间隔的两架航空器应当同时使用经过核准的同一测距台测距；

（d）一架航空器能够使用测距台，另一架航空器不能使用测距台定位时，不得使用测距台配备纵向间隔。

（9）同一机场连续放行数架同速度的航空器，间隔标准应当符合下列规定：

a.前、后航空器同航迹同高度飞行时，为10分钟；

b.前、后航空器同航迹不同高度飞行时，为5分钟；

c.前、后航空器在不同航迹上飞行，航迹差大于45度，起飞后立即实行横向间隔，为2分钟。

（10）同一机场连续放行数架同航迹不同速度的航空器，间隔标准应当符合下列规定：

a.前面起飞的航空器比后面起飞的航空器速度大80公里／小时（含）以

上时，为 2 分钟；

　　b. 速度小的航空器在前，速度大的航空器在后，速度大的航空器穿越前方速度小的航空器的高度层并到达速度小的航空器的上一个高度层时，应当有 5 分钟的纵向间隔；

　　c. 速度小的航空器在前，速度大的航空器在后，如果同高度飞行，应当保证在到达着陆机场上空或者转入另一航线或者改变高度层之前，后航空器与前航空器之间应当有 10 分钟的纵向间隔。

　　（11）同一机场连续放行数架不同航迹、不同速度的航空器，间隔标准应当符合下列规定：

　　a. 速度大的航空器在前，速度小的航空器在后，航迹差大于 45 度，并在起飞后立即实行横向间隔，为 1 分钟；

　　b. 速度小的航空器在前，速度大的航空器在后，航迹差大于 45 度，并在起飞后立即实行横向间隔，为 2 分钟。

3. 尾流间隔标准

　　为避免尾流影响，航空器之间应当配备尾流间隔。尾流间隔标准根据航空器最大允许起飞全重来确定。航空器按照最大允许起飞全重分为下列三类：

　　重型航空器：最大允许起飞全重等于或者大于 136 000 千克的航空器；

　　中型航空器：最大允许起飞全重大于 7000 千克、小于 136 000 千克的航空器；

　　轻型航空器：最大允许起飞全重等于或者小于 7000 千克的航空器。

　　（1）当前、后起飞离场的航空器为重型和中型航空器、重型和轻型航空器、中型和轻型航空器，且使用下述跑道时，前、后航空器之间的尾流间隔标准为：

　　a. 同一跑道，2 分钟；

　　b. 平行跑道，且跑道中心线之间距离小于 760 米，2 分钟；

　　c. 交叉跑道，且后航空器将在前航空器的同一高度上，或者在低于前航空器且高度差小于 300 米的高度上穿越前航空器的航迹，2 分钟；

　　d. 平行跑道，且跑道中心线之间距离大于 760 米，但后航空器将在前航空器的同一高度上，或者低于前航空器且高度差小于 300 米的高度上穿越前航空器的航迹，2 分钟；

e. 后航空器使用同一跑道的一部分起飞时，3分钟；

f. 后航空器在跑道中心线之间距离小于760米的平行跑道的中部起飞时，3分钟。

（2）当前、后进近着陆的航空器为重型和中型航空器时，其尾流间隔为2分钟。

（3）当前、后进近着陆的航空器为重型和轻型航空器、中型和轻型航空器时，其尾流间隔为3分钟。

（4）前、后起飞离场或者前、后进近着陆的航空器，其尾流雷达间隔应当符合下列规定：

a. 前、后航空器均为重型航空器时，不小于8公里；

b. 重型航空器在前，中型航空器在后时，不小于10公里；

c. 重型航空器在前，轻型航空器在后时，不小于12公里；

d. 中型航空器在前，轻型航空器在后时，不小于10公里。

上述尾流间隔适用于下述情况：

a. 后航空器将在前航空器的同一高度上，或者低于前航空器且高度差小于300米高度上的后随飞行；

b. 两架航空器使用同一跑道，或者跑道中心线之间距离小于760米的平行跑道；

c. 后航空器将在前航空器的同一高度上，或者低于前航空器且高度差小于300米高度上穿越前航空器的航迹。

（三）合理避让

目视飞行时，航空器应当按照下列规定避让：

（1）在同一高度上对头相遇，应当各自向右避让，并保持500米以上的间隔；

（2）在同一高度上交叉相遇，飞行员从座舱左侧看到另一架航空器时，应当下降高度，从座舱右侧看到另一架航空器时，应当上升高度；

（3）在同一高度上超越前航空器，应当从前航空器右侧超越，并保持500米以上的间隔；

（4）单机应当主动避让编队和拖曳飞机，有动力装置的航空器应当主动避让无动力装置的航空器，战斗机应当主动避让运输机。

任务二　了解空中交通管制服务

空中交通管制系统，按照管制范围的不同分为三部分，即机场管制、进近管制和区域（航路）管制；按照管制手段的不同，又可分为程序管制和雷达管制。

一、程序管制

在雷达引入空中交通管制之前，管制主要是使用无线电通信按照规定的程序来完成的，因此称为程序管制。在雷达引入后，管制员的感知能力和范围都有了提高，在间隔距离和情报的传递上有了很大的改进，但在基本程序上并没有太大的变化，因而我们说程序管制是整个空中交通的基础。

在具体组织飞行时，程序管制员的基本信息和手段来自飞行计划和飞行进程单。

（一）飞行计划

飞行计划是由航空器使用者在飞行前向空中交通服务单位提供的关于航空器一次预定飞行或部分飞行的规定资料。空中交通管制服务单位根据批准的计划为航空器提供管制、情报等服务。另外，在航空器发生事故时，飞行计划是搜索和救援的基本依据。飞行计划的内容包括飞行任务性质、航空器呼号、航班号、航空器型别、特殊设备、真空速或马赫数、起飞机场、预计飞时间、巡航高度层、飞行航线、目的地机场、预计飞行时间、航空器国籍和登记标志、航空器携油量、备降机场等。

飞行计划一般需要提前一天交给起飞机场的空中交通管制部门，紧急情况下可在起飞前 1 小时交付。空中交通管制部门在考虑了空中交通的总体情况并对计划进行审核后，批准计划或与提交的人员协商做出修改后批准。在飞机起

飞后，飞行计划由始发机场通过航空电信网发至各飞行情报中心、相关的区域管制中心和目的地机场的管制单位。飞机在飞行中由于天气或事故等原因改变飞行计划时，应立即通知空管单位。飞机到达目的地机场后，要立即向空管当局做出到达报告，至此这次飞行计划随之结束。

（二）飞行进程单

飞行进程单（Flight Progress Strip）是用来实行和记录程序管制过程的。一架航空器进入管制区域前，空中交通管制单位应当填写好记录有该航空器信息的飞行进程单。这架航空器在飞行过程中、管制员应当把通过各种渠道收到的该航空器动态、管制指令及有关内容及时、准确地记入相应的飞行进程单。飞行进程单的形式如图 4-2-1 所示。

CES7325 A 1073 B73C/M W/Z	LX 0736			ZSWZ 0743 ZGGG

图 4-2-1　飞行进程单样本

飞行进程单的内容主要包括下列各项：飞机的识别号、进程单的编号、飞机的型号、计算机识别号（只用于自动打印的进程单）、应答机编号、建议离场时间、申请高度、飞离的机场、航路及目的地机场和飞行中的各项实际数据，如离场的实际时间、离场的跑道号等。

在程序控制中接受飞行进程单是始发机场的一项主要工作，塔台管制员根据进程单给出飞行许可，然后按实际飞行情况填写进程单，再由自动终端情报服务系统把这些情报发送出去。区域管制中心根据飞行计划和驾驶员报告的位置及有关信息填写自己的飞行进程单，若发现间隔过小时采取措施调配间隔。每个飞行班次都有一个飞行进程单，当飞机到达、离去时填写并转发出去，管制单位根据飞机到达的前后和飞行的路线，把它们排列起来，然后逐架给出许可，从而保证间隔和飞行顺序。

（三）空中交通管制的移交

空管单位的责任十分明确，与飞行安全关系重大。在一个空域一次受管制的飞行只能由一个管制单位来管制，换句话说，一个空中交通管制单位必须为在它管制之内的空域中的所有航空器的安全负责。因此，一架航空器从一个管制区进入另一个管制区的移交必须十分明确和严格，以防止因程序混乱和责任不清而出现重大事故。移交的规则主要有下面几种情况：两个区域管制的移交、进近管制和区域管制的移交、塔台管制室和进近管制或区域管制的移交。

管制协调和移交应当遵守下列规定：

（1）塔台管制室，应当及时将离场航空器的起飞时间通知进近管制室或区域管制室；

（2）进近管制室和区域管制室对离场航空器实施流量控制；有其他调配的，应当尽早通知塔台管制室安排离场航空器在地面或空中等待；

（3）航空器飞离塔台管制室责任区时，塔台管制室应当与进近管制室或区域管制室按规定进行移交。

（四）空中交通通信、通话及其使用的语言、时间

依据民用航空空中交通管理规则，区域管制室、进近管制室、塔台管制室管制员在值勤时应当佩戴耳机，并保持不间断的守听；航空器在飞行的全过程中，航空器驾驶员应当在规定的频率上守听，未经管制员批准不得中断守听。为保证无线电通信顺畅有效，管制员、飞行签派员和航空器驾驶员应当按照中国民航局规定的无线电报格式、航空器及管制

知识拓展 4-2

陆空通话标准用语
（部分）

单位识别代号、略语、字母和数字拼读规则以及规定的通信优先次序执行。地空管制通话应当使用中国民航局空中交通管理局规定的专用术语及规范，保证地空通话简短、明确。通话过程中，对关键性的内容和发音相似、含意相反的语句，应当重复或者复诵。中国航空器从事国际飞行的，陆空通话使用英语；从事国内飞行的，陆空通话使用英语或汉语普通话；但在同一机场，同时使用两种语言通话时，管制员应当注意协调。在中华人民共和国境内飞行的外国航空器不论其国籍，陆空通话应当使用英语。

中国航空器从事国际飞行和外国航空器在中国境内飞行的，陆空通话使用世界协调时（格林尼治时间）。从事国内飞行的中国航空器，陆空通话可以使用北京时。

（五）机场管制

机场管制服务（Aerodrome Control Service）是为机场机动区内的一切交通以及在机场附近所有已进入、正在进入和脱离起落航线的航空器的飞行提供的空中交通管制服务。

机场管制服务由机场管制塔台提供，因此管制员也称为塔台管制员。他们在塔台的高层，一般靠目视来管理飞机在机场上空和地面的运行。在大型的飞行架次较多的机场（如广州白云国际机场）装有机场地面监视雷达，通过地面监视雷达的使用，管制员的工作质量和效率有很大的提高。

机场管制服务的范围包括：①航空器在机场交通管制区的空中飞行；②航空器的起飞和降落；③航空器在机坪上的运动；④防止飞机在运动中与地面车辆和地面障碍物碰撞。

从这些任务来看，显然可以把它分成两类，前两项是空中的，后两项是地面的。因而较大的机场塔台把任务分为两部分，分别由机场地面交通管制员和空中管制员负责。但在不太繁忙的机场，通常只有一个塔台管制员负责整个机场从空中到地面的全部航空器的运动。

机场地面交通管制员负责控制在跑道之外的机场地面上，包括滑行道、机坪上的所有航空器的运动。在繁忙机场的机坪上可能同时有几架飞机在运动，此外还有各种车辆、行人的移动。地面交通管制员负责给出飞机的发动机启动许可、进入滑行道许可，对于到达的飞机，当飞机滑出跑道进入滑行道后，由地面管制员安排飞机运行至机坪或候机楼。

机场空中交通管制员负责飞机进入跑道后的运动和在机场控制的起落航线上按目视飞行规则飞行的交通管制。他的任务是给出起飞或着陆的许可和引导在起落航线上飞行的起飞或着陆的飞机。他要安排飞机的起降顺序，安排合理的飞机放行间隔，以保证飞行安全。在一条跑道既用于起飞又用于着陆的情况下，机场空中交通管制员还要很好地安排起飞和着陆飞机之间的时间档次。

为了及时正确地为航空器提供空中交通管制服务，塔台管制员应当了解跑道、滑行道的道面情况并掌握跑道、滑行道上航空器、车辆、行人活动情况及其附近的施工情况。塔台管制室管制员选择使用跑道时，除考虑机型和地面风向风速外，还应当考虑机场进离场程序、起落航线、跑道布局、跑道长度、宽度、坡度、净空条件以及着陆地带的导航设备。

为了调配间隔，起飞方向上的空域被占用时，塔台管制室管制员可以指示将要起飞或在地面滑行的航空器在跑道或跑道外等待，并将理由通知相关航空器。

（六）进近管制

进近管制服务（Approach Control Service）是对进场或离场受管制的飞行提供空中交通管制服务。

进近管制是塔台管制和航路管制的中间环节，是保证飞行安全的重要部分，因此进近管制必须做好与航路管制的衔接，进近管制室一般设在塔台下部，便于和塔台管制进行协调。管制协调和移交应当遵守下列规定：

（1）塔台管制室应当及时将离场航空器的起飞时间通知进近管制室或区域管制室；

（2）进近管制室和区域管制室对离场航空器实施流量控制，有其他调配的，应当尽早通知塔台管制室安排离场航空器在地面或空中等待；

（3）航空器飞离塔台管制室责任区时，塔台管制室应当与进近管制室或区域管制室按规定进行移交。

进场管制中，应当及时交换进场航空器的管制情报，区域管制室应当将进场航空器的有关情报，在该航空器预计飞越管制移交点前10分钟通知进近管制室，其中包括：航空器呼号、航空器机型、进近管制移交点及预计飞越时间、预定高度、管制业务移交等。

离场管制中，塔台管制室根据批准的飞行计划和机场、航路情况以及有关空中交通管制单位的情报，对离场航空器发出放行许可。放行许可包括下列内容：航空器呼号、管制许可的界线（定位点或目的地）、批准的离场程序、飞行航路（航线）、飞行高度、应答机编码及其他必要的内容。

为保证飞行安全，航空器在进场或离场过程中必须保持规定的高度差和一定的间隔标准。依据民用航空空中交通管理规则，在塔台和进近管制区空域内，仪表飞行航空器之间的最低纵向间隔标准应当符合如下规定：

（1）顺向飞行且符合下列条件的航空器，其最低间隔为5分钟。

（2）逆向飞行时必须保持规定的高度差，只有证实航空器已彼此飞越后，

方可准许相互占用或穿越高度层。

（3）无空中走廊时，在同巡航高度仪表飞行进入塔台管制区空域的航空器，不论其航向如何，其到达导航设备上空的时间间隔不得少于10分钟。进近管制区空域内，仪表飞行航空器离场放行的最低间隔标准为：同航迹同巡航高度飞行的，为10分钟间隔；跨海洋飞行时，为20分钟间隔；同航迹不同巡航高度飞行的，为5分钟间隔。

为提高管制服务的质量和效率，执行不同任务的航空器或者不同机型的航空器同时飞行时，应当根据具体情况妥善安排优先起飞的顺序。通常情况下，应当允许执行紧急或者重要任务的航空器、定期航班、转场飞行或速度大的航空器优先起飞。

当进近着陆的飞机较多，而又大约在同一时间到达时，为了保持飞机的间隔，必须由管制员"制造"出间隔以保证飞机的顺序降落。这要依靠等待航线来实现，飞机在等待航线上飞行，以便按照管制员的安排顺序着陆。等待航线在机场控制区的保留空域内，在地面设有无线电信标，飞机围绕信标在它上面分层盘旋飞行，每层之间的高度间隔为300米。飞机从航线下降，只要前方空域不够，就要进入等待航线，但管制员应本着在保证安全的前提下尽量缩短等待飞行时间的要求来安排飞机的进近着陆。

（七）区域（航路）管制

区域管制服务（Area Control Service），也称航路管制，是指对管制区内受管制的飞行提供空中交通管制服务。

区域管制工作由区域管制单位承担，航空器在航路上的飞行由区域管制中心提供空中交通管制服务，每一个区域管制中心负责一定区域上空的航路、航线网的空中交通的管理。区域管制所提供的服务主要是针对在6000米以上的大范围内运行的航空器。这些航空器绝大多数是喷气式飞机。在繁忙的空域，区域管制中心把空域分成几个扇区，每个扇面只负责特定部分空域或特定的几条航路上的管制。区域管制员依靠空地通信和远程雷达设备来确定飞机的位置，按照规定的程序调度飞机，保持飞行的间隔和顺序。目前我国有8个区域管制中心，分别是北京、沈阳、上海、广州、三亚、成都、西安以及乌鲁木齐，每个管制中心基本负责所在区域内的空中交通管制。如北京区域管制中心，负责整个华北上空的管制服务；但随着管制工作思路的调整，有些管制中心也会承担非本区域的管制任务，如汕头的空域是由上海区域管制中心进行管理。

区域管制员根据飞机的飞行计划，批准飞机在其管区内的飞行，保证飞行间隔，然后把飞机移交到相邻区域管制中心，或把到达目的地的飞机移交给进近管制。全航路或部分航路中的各空中交通管制单位之间应当进行协调，以便向航空器发出自起飞地点到预定着陆地点的全航路放行许可。因资料或协调原因不能全航路放行而只能放行到某一点时，管制员应当通知航空器驾驶员。未经双方管制区协调，不得放行航空器进入另一管制区。

各管制室之间进行管制移交时，移交单位应当在航空器飞越管制移交点前10分钟（短程航线为5分钟）与接收单位进行管制移交。管制移交的内容应当包括：航空器呼号、航空器机型、飞行高度、速度、移交点、预计飞越移交点的时间及管制业务必需的其他情报。管制移交应当通过直通管制电话进行。没有直通管制电话的管制室之间，通过对空话台、调度电话、业务电话、电报进行。已经接受管制移交的航空器，在预计进入管制空域边界的时间后仍未建立联系的，值班管制员应当立即询问有关管制室，同时采取措施联络。区域管制室和进近管制室应当于航空器起飞前或进入本责任区前30分钟，发出允许进入本责任区的航路放行许可，并通过有关空中交通管制单位通知航空器驾驶员。航路放行许可的内容有：航空器呼号或识别标志、管制许可的界线（定位点或目的地等）、放行航路（航线）、全航路或其中一部分的飞行高度层和需要时高度层的改变、其他必要的指示和资料。

区域管制室和进近管制室应当随时了解本责任区内的天气情况和飞行活动情况，确切掌握航空器的飞行条件和飞行位置；正确配备管制间隔，合理调配飞行冲突；妥善安排航空器等待，及时调整航空器飞行航线，加速和维持有秩序的空中交通流动。航空器在预计飞越报告点3分钟后仍未报告的，值班管制员应当立即查问情况并设法取得位置报告。

二、雷达管制

（一）一般规则

雷达管制（Radar Control）是直接使用雷达信息来提供空中交通管制服务的一种空中交通管制形式。雷达管制的使用应当限制在雷达覆盖范围内，并符合空中交通管制单位规定的区域。提供雷达管制服务的单位应当在航行情报资料中发布有关运行方法的资料及影响空中交通管制实施的有关设备要求。

在雷达管制中，雷达管制业务由经过空中交通管制专业训练，取得执照的雷达管制员承担。雷达管制员直接使用雷达信息来提供空中交通管制服务。在提供给空中交通管制单位使用的雷达上，视频地图包含的内容有：机场、跑道中心线延长线和最后进近航道、紧急着陆区、导航台和报告点、航路中心线或航路两侧边线、区域边界、移交点、影响航空器安全运行的障碍物、影响航空器安全运行的永久地物、地图校准指示器和距离圈、最低引导高度、禁区及必要的限制区等。

一次监视雷达和二次监视雷达用于空中交通管制时，可单独使用或结合使用。一次监视雷达应当在二次监视雷达不能达到空中交通管制要求时使用。二次监视雷达系统，特别是具有单脉冲技术及 S 模式和数据链能力的系统，可作为主要雷达监视系统单独使用。接受雷达服务的航空器的架数不得超过在繁忙情况下能安全处理的架数，其限制因素主要有：有关管制区或扇区的结构所造成的复杂的局面，所使用的雷达功能、技术可靠性及可用性所能达到的程度，对雷达管制员的工作量及扇区接受能力的评估等。

（二）雷达识别

雷达识别是将某一特定的雷达目标或雷达位置符号与某特定航空器相关联的过程。在向航空器提供雷达管制服务前，雷达管制员应当对航空器进行识别确认，并保持该识别直至雷达管制服务终止。失去识别的，应当立即通知相关航空器，并重新识别或终止雷达服务。首次建立对航空器的雷达识别或暂时失去目标后重新建立对航空器的识别的，应当向航空器通报其已被识别。

当观察到两个或多个雷达位置指示符相近，或观察到指示符在同时做相似的移动以及遇到其他引起对目标怀疑的情况时，雷达管制员应当采用两种以上识别方法进行识别直至确认为止，也可终止雷达服务。

（三）雷达管制移交

雷达管制移交应当建立在雷达识别的基础上或者按照双方的具体协议进行，使接受方能够在与航空器建立无线电联系时立即完成识别。雷达管制移交时，被移交航空器的间隔应当符合接受方所认可的最低间隔，同时移交方还应当将指定给航空器的高度及有关引导指令通知接受方。在管制单位内部或者相互间进行的雷达识别的移交，应当在雷达有效监视范围内进行，如技术上无法实施，则应当在管制移交协议中说明，或者按规定提前进行管制移交。

实施移交时，移交方应当遵守下列规定：

（1）在航空器进入接受方所辖区域前完成雷达管制移交；

（2）除非另有规定，在改变已被移交的航空器的航行诸元或标牌数据前应当得到接受方的同意；

（3）与航空器脱离联络前应当保证本区域内潜在的飞行冲突和不利影响已得到正确处理，必要的协调已完成，保证间隔的有关飞行限制已通知接受方；

（4）除非另有协调，应当按照接受方的限制实施移交；

（5）在雷达识别的转换被接受后及时与航空器脱离联络；

（6）除非在协议和指令中已经包括，否则应当将标牌或进程单上没有的指定航向、空速限制、发出的高度信息、观察到的航迹和上一航段飞行情况、不同于正常使用的或预先协调的应答机编码等信息通知接受方；

（7）保持标牌与相应的目标相关；

（8）在管制员给定的超出导航设备作用距离之外飞行的航空器，应当通知接受方对其进行雷达监控；

（9）管制移交前，为保证被移交航空器与本区域其他航空器的间隔，应当向接受方发出必要的飞行限制；

（10）接受方口头证实或自动移交时，如果航空器已被接受方识别，则可认为已经完成移交。

实施移交时，接受方应当遵守下列规定：

（1）在接受移交前，确定目标的位置与移交方移交的位置一致，或者目标有正确的自动相关标牌显示；

（2）接受移交前，应当发出安全飞行所必要的飞行限制；

（3）除非另行协调，应当遵循先前给定的飞行限制；

（4）除非另有规定，在直接向其他管制区的航空器发出改变航向、速度、航线和编码指令前，应当提前与航空器所在区域管制室或者与航空器将要通过的管制区进行协调；

（5）接受移交后应当采用要求航空器驾驶员进行位置报告的方法证实一次雷达目标，并通过使用二次雷达应答机特别位置识别功能协助证实二次雷达目标，但在移交过程中已采用过这些方法的，则可不必重复。

（四）雷达管制最低间隔

雷达管制最低间隔（以下简称雷达间隔）适用于所有被雷达识别的航空器之间，或一架正在起飞并在跑道端 2 千米内将被识别的航空器与另一架被识别的航空器之间。等待航线上的航空器之间不得使用雷达间隔。

雷达间隔最低标准应当按照如下规定：

（1）进近管制不得小于 6 千米，区域管制不得小于 10 千米；

（2）在相邻管制区使用雷达间隔时，雷达管制的航空器与管制区边界线之间的间隔在未经协调前，进近管制不得小于 3 千米，区域管制不得小于 5 千米；

（3）在相邻管制区使用非雷达间隔时，雷达管制的航空器与管制区边界线之间的间隔在未经协调前，进近管制不得小于 6 千米，区域管制不得小于 10 千米。

（五）雷达引导

雷达引导是在使用雷达的基础上，以特定的形式向航空器提供航行引导。雷达管制员应当通过指定航空器的应飞航向实施雷达引导。实施雷达引导时应当引导航空器尽可能沿便于航空器驾驶员利用地面设备检查自身位置及恢复自主领航的路线飞行，避开已知危险天气。

离场航空器的引导，应当尽可能按标准离场航线和规定高度进行。在起飞前，应当指定应飞的起始航向。在航空器起飞后立即实施雷达引导，引导按仪表飞行规则飞行的航空器偏离标准离场航线时，管制员应当确保航空器在飞越地面障碍物时有不低于 300 米的超越障碍的余度。

进场航空器的引导，应当利用雷达引导航空器迅速地由航路阶段过渡到可进入最后仪表进近、目视进近或雷达进近的某点；引导航空器进行起始进近和中间进近，还可以向航空器提供监视雷达进近和精密雷达进近。引导航空器切入最后进近时，应当确保切入点距外指点标或最后进近定位点不少于 4 千米；除非气象条件适于做目视进近，而且航空器驾驶员有要求时，航空器高度不得低于精密进近的下滑道或公布的非精密进近程序的下降高度；引导航空器穿越最后进近航道时，管制员应当在穿越前通知航空器驾驶员并说明理由。

任务三　了解飞行情报服务

为了保证飞行安全，民航当局要向驾驶员和有关航行的系统提供准确的飞行前和飞行中所需要的情报，这个任务称为飞行情报服务（Flight Information Service）。飞行情报服务的目的是向飞行中的航空器提供有益于安全和有效实施飞行的建议和情报的服务。

飞行情报服务由飞行情报中心提供。飞行情报部门是一个完整的系统，与空中交通管制部门协同工作。为了便于对在中国境内和经国际民航组织批准由我国管理的境外空域内飞行的航空器提供空中交通管制，全国共划分为沈阳、北京、上海、广州、昆明、武汉、兰州、乌鲁木齐、香港和台北十个飞行情报区。在机场有飞行情报服务人员或航行情报室，各个大飞行情报区都设有飞行情报中心，定期或连续地向外发布飞行情报，中国民航局设有全国性的情报中心。飞行情报服务系统不控制空中交通，它只是一个提供信息的网络，它把各飞行情报单位联系起来，可以把整个航路上的各种信息提供给管制员和驾驶员，保证驾驶员在飞行情报区覆盖范围内任何一点都可以通过电信得到需要的飞行情报。飞行情报主要有航图、航行资料和气象预报。飞行量在年起降超过30 000 架次的机场，为了减轻空中交通管制甚高频陆空通信波道的通信负荷，

一般都设立了机场自动终端情报服务系统，为进、离场航空器提供服务。机场自动终端情报服务通告的播发应当在一个单独的频率上进行。

一、航图

航图是把各种和航行有关的地形、导航设施、机场标准、限制以及有关数据全部标出来的地图。它分为两大类：一类是标出地形和航行情况的航空地图；另一类是以无线电导航标志和局部的细致地形图为专门目的使用的特种航图。

（一）航空地图

主要用于目视空中领航及指定飞行计划，按照所表示的范围分为世界航图、区域航图和航空计划地图。

（二）特种航图

主要有航路图、仪表进近图、机场图和机场障碍图等。

航路图是向机组提供有空中交通服务的航路的航行资料，图上包括航路上的所有无线电导航信息。航路图中的方位、航迹以磁北为基准，并标出了航路上的所有报告点的位置，驾驶员在报告点上必须要向管制员报告飞机的参数和位置。

仪表进近图主要为进近和仪表着陆使用，它的比例尺较大，详细标出了进近时的路线和导航设施的位置和频率，供飞机在机场区域按规定航线和高度安全有序地飞行，避免和其他航空器或障碍物相撞。

机场图和机场障碍图标明了机场附近的航行情况和限制以及障碍物的情况，使驾驶员对降落的机场有详细的了解。

二、航行资料

航行资料主要有航行资料汇编、航行通告、航线资料通告、飞行员资料手册等。

航行资料汇编是为了国际间交换的关于一个地区或国家航行方面的基本资料和数据，为国际航线所用。它按要求提供：民航当局认可的机场、气象、空中规则、导航设施、服务程序，在飞行中可以得到的服务和设施的基本情况，发布国的民航程序和各种建议及规定的判别。

航行通告是航行情报服务的最重要的航行资料之一。它及时向飞行有关人员通知航行设施、服务和程序的建立及状况变化，以及航路上出现的危险情况，是飞行员及有关人员应及时了解的资料。

航线资料通告分为定期航行资料通告和航行资料通告，公布对关于导航程序、系统的变化预测以及关系到飞行安全的各有关方面的情况。

飞行员资料手册主要包括关于 ATC 的程序和飞行基本数据、机场手册（各机场的进近、离场程序；航行情报中心和气象服务电话号码等）、操作数据和有关的航行通告、航图和补充材料。

三、气象预报

气象预报是对某一特定的区域或部分空域，在特定时刻或期间的、预期的气象情况的叙述。

鉴于气象对航空活动的重要影响，各国的民航当局和气象部门都及时地为航行部门、空中交通管制部门及驾驶员提供准确的气象信息以保证飞行安全。我国的航空气象服务是由专门的民航气象机构完成的，它由航空气象观测站、机场气象台和区域气象预报中心组成。气象观测站设在机场和主要航路点上，它的任务是观察和记录天气实况。机场气象台的任务是编制机场和航路天气预报，收集有关航行的气象报告，并和有关方面及地方气象台交换气象情报，向飞行机组和其他航务人员讲解天气形势，并提供各种气象文件。区域气象预报中心的任务是提供区域内重要天气预报图和特定高度上的高风的情况。此外，驾驶员要按规定向航空气象部门报告天气情况，这也是航空气象情报网的重要组成部分。

气象报告主要包括：机场气象观测报告、机场预报、起飞预报、高空风预报、航路预报、天气图、雪情通告等。

空中交通管制单位向航空器和其他有关空中交通管制单位通报的气象情

报，均以气象部门所提供的资料为准。但塔台管制室也可通报由航空器报告的气象情报和观察到的气象情报。气象部门所提供的气象情报与塔台管制室观察到的气象实况有差异时，塔台管制室应当将该情况通知气象部门。接到飞行中的航空器关于颠簸、结冰、风切变、雷雨等重要气象情报时，空中交通管制单位应当及时向在相关空域内飞行的其他航空器和有关气象部门通报。向气象部门通报航空器所报气象情报时，应当一并通报该航空器的机型、位置、高度、观测时间。接到重要气象情报和特殊天气报告后，如果本区内飞行的航空器将受到该天气影响，空中交通管制单位应当在除紧急频率外的频率上通播。

四、雷达情报服务

在雷达管制中，雷达显示器上的信息可用于向被识别的航空器提供下列情报：

（1）任何观察到的航空器与已经识别的航空器在一冲突航径上的情报和有关采取避让行动的建议；

（2）重要天气情报以及指挥航空器绕航避开恶劣天气的建议；

（3）协助航空器领航的情报。

当雷达管制员观察到被识别的航空器与不明航空器有冲突，可能导致相撞危险时，应当向其管制下的航空器通报不明航空器情报。如航空器驾驶员提出请求，应当向其提供有关避让的建议。冲突危险不存在时，应当及时通知航空器。如果二次雷达高度未经证实，应当通知航空器驾驶员有相撞危险，并说明该高度信息未经证实。如高度已经证实，该情报应当清楚地发给航空器驾驶员。有关航空器将要穿越危险天气的情报，应当提前足够时间向航空器发布，以便航空器驾驶员采取措施。

使用雷达提供飞行情报服务，不解除航空器驾驶员的任何责任，航空器驾驶员仍有最后的决定权。

任务四　了解空域规划与空中交通流量管理

一般的空中交通管制服务是对现有的飞行活动的引导和管理，没有考虑整体空域的利用和如何使空中交通更为通畅和有效地运行。把空中交通作为一个整体，为有效利用空域就要进行空域规划管理，为使空中交通通畅和提高效率则要实施空中交通流量管理。

一、空域规划管理

（一）空域

空域又称"可航空间"，是指空中交通工具在大气空间中的活动范围。《中华人民共和国民用航空法》中规定："中华人民共和国的领陆和领水之上的空域为中华人民共和国领空。中华人民共和国对领空享有完全的、排他的主权。"《国际民用航空公约》中规定："缔约各国承认每一国家对其领土之上的空气空间享有完全的和排他的主权。"

（二）空域规划

对空域进行类型划分的目的是：在可以接受的安全范围内，为在此空域内运行的航空器提供最大限度的灵活性、机动性，即在高密度、高速度运行的空域内，要为航空器提供最大的间隔，并对其实施主动管制；在飞行活动量较少的区域，如果可以接受的气象条件存在，飞行员本身能获得所必需的服务。

空域规划包括航路规划、近离场方法和飞行程序的制定。通过航路规划，将统一航线按不同高度加以划分，主要的航线设置为单向航路，可以大大提高航线上的飞行量。近离场属于复杂的进近管制阶段，近离场程序的制定除了受机场净空、空中走廊的限制之外，还要受到周边机场使用空域的影响。机场作为空中交通的起点和终点，其上空是航空器运行最密集的区域，航空器在这一

区域中相撞的概率是最高的，因此这一区域是空中交通管制的重点和难点。

（三）我国的空域划分

根据《中国民用航空空中交通管理规则》，我国用于民用航空的空中交通管制空域，分为飞行情报区、管制区、限制区、危险区、禁区、航路和航线。各类空域的划分应当符合航路的结构特征、机场的分布状况、飞行活动的性质和提供空中交通管制的需要。

飞行情报区是指为提供飞行情报服务和告警服务而划定范围的空间。为了便于对在中国境内和经国际民航组织批准由我国管理的境外空域内飞行的航空器提供空中交通管制，全国共划分为沈阳、北京、上海、广州、昆明、武汉、兰州、乌鲁木齐、香港和台北十个飞行情报区。为了及时有效地对在我国飞行情报区内遇险失事的航空器进行搜寻援救，在我国境内及其附近海域上空划设搜寻援救区。搜寻援救区的范围与飞行情报区相同。搜寻援救工作的组织与实施按照《中华人民共和国搜寻援救民用航空器规定》执行。

管制区是指自地球表面之上的规定界线向上延伸的管制空域。管制空域应当根据所划空域内的航路结构和通信、导航、气象、监视能力划分，以便对所划空域内的航空器飞行提供有效的空中交通管制服务。管制空域分为A、B、C、D四类。

A类空域为高空管制空域。在我国境内6600米（含）以上的空间，划分为若干个高空管制空域，在此空域内飞行的航空器必须按照仪表飞行规则飞行并接受空中交通管制服务。

B类空域为中低空管制空域。在我国境内6600米（不含）以下最低高度层以上的空间，划分为若干个中低空管制空域。在此空域内飞行的航空器，可以按照仪表飞行规则飞行。如果符合目视飞行规则的条件，经航空器驾驶员申请，并经中低空管制室批准，也可以按照目视飞行规则飞行，并接受空中交通管制服务。

C类空域为进近管制空域。通常是指在一个或几个机场附近的航路会合处划设的便于进场和离场航空器飞行的管制空域。它是中低空管制空域与塔台管制空域之间的连接部分，其垂直范围通常在6000米（含）以下最低高度层以上；水平范围通常为半径50千米或走廊进出口以内的除机场塔台管制范围以外的空间。

D 类空域为塔台管制空域，通常包括起落航线、第一等待高度层（含）及其以下地球表面以上的空间和机场机动区。

危险区、限制区、禁区是指根据需要，经批准划设的空域。飞行中的航空器应当使用机载和地面导航设备，准确掌握航空器位置，防止航空器误入危险区、限制区、禁区。空中交通管制单位应当严密监视飞行中的航空器动态，发现航空器将误飞入危险区、限制区、禁区时，应当及时提醒航空器，必要时采取措施予以纠正。

（四）航路

航路是以走廊形式建立的、装设有无线电导航设施的管制区域或其一部分。空中交通管制航路，根据在该航路执行飞行任务的性质和条件，划分为国内航路和国际航路。

空中交通管制航路各段的中心线，从该航路上的一个导航设施或交叉点开始，至另一个导航设施或交叉点为止。各段中心线连接起来成为航路的中心线。空中交通管制航路的宽度，通常为航路中心线两侧各 10 千米的平行边界线以内的空域，根据导航性能的定位精度，可调整其宽度，在航路方向改变时，则包括航路段边界线延长至相交点所包围的空域。空中交通管制航路应当用代号予以识别。国际航路的识别代号应当与国际民航组织协调，以防止重复使用。同时，空中交通管制航路应当设置重要点并用代号予以识别，以便掌握航空器在航路上运行的进度。

案例分享 4-1

京广大通道空域结构调整

知识拓展 4-3

京广大通道空域结构调整的意义

二、空中交通流量管理

空中交通流量的不断增加，给空中交通管制系统带来了越来越大的压力，也威胁着空中交通安全。因此，必须对有限的空域资源实施有效的管理。

空中交通流量管理（Air Traffic Flow Management）是当空中交通流量接近或达到空中交通管制可用能力时，适时地采取措施，保证空中交通量最佳地流入或通过相应的区域的管理活动。

（一）飞行流量管理机构

全国飞行流量管理机构分为中国民航局飞行流量管理单位和地区管理局飞行流量管理单位两级。各空中交通管制单位是飞行流量管理的具体实施单位。

中国民航局飞行流量管理单位的职责是掌握全国的飞行计划和飞行动态，监控国际航路、国内主要航路和飞行量密集地区的飞行流量，提出实施流量控制的措施并组织实施，掌握民航定期和不定期飞行起飞、降落时刻，与非民航有关单位进行协调，协调地区管理局飞行流量管理单位之间发生的或与航空器经营人航务部门之间出现的流量管理问题。

地区管理局飞行流量管理单位的职责是掌握本地区管理局范围内的飞行计划和飞行动态，监控本地区管理局范围内的飞行流量，提出实施流量控制的措施并组织实施，对本地区管理局各机场定期和不定期飞行起飞、降落时刻提出审核意见，与本地区有关的非民用航空单位进行协调，协调本管理局空中交通管制单位与航空器经营人航务部门之间出现的有关流量的问题。

（二）实施飞行流量管理的原则

飞行流量管理分为先期流量管理、飞行前流量管理和实时流量管理。实施飞行流量管理的原则是以先期流量管理和飞行前流量管理为主，实时流量管理为辅。

先期流量管理，包括对全国和地区航线结构的合理调整、制定班期时刻表和飞行前对非定期航班的飞行时刻进行协调。其目的是防止航空器在某一地区或机场过于集中和出现超负荷流量，以致危及飞行安全，影响航班正常。

飞行前流量管理是指当发生天气恶劣、通信导航雷达设施故障、预计扇区或区域流量超负荷等情况时，采取改变航线、改变航空器开车、起飞时刻等方法，疏导空中交通，维持正常飞行秩序。

实时流量管理是指当飞行中发现或者按照飞行预报将要在某一段航路、某一区域或某一机场出现飞行流量超过限额时，采取改变航段，增开扇区，限制起飞、着陆时刻，限制进入管制区时刻或者限制通过某一导航设备上空的时刻，安排航空器空中等待，调整航空器速度等方法，控制航空器按照规定间隔有秩序地运行。

因航线天气恶劣需要改变预定飞行航线时，由有关航空器经营人或民航局飞行流量管理单位提出申请，经中国民航局协调有关单位后，通知有关地区管理局飞行流量管理单位和空中交通管制单位。因通信、导航、雷达设施发生故障需要改变预定飞行航线时，由发生故障的单位逐级上报至民航局，由民航局飞行流量管理单位协调有关单位后，向有关地区管理局飞行流量管理单位和空中交通管制单位发出改变预定航线的电报。预计扇区或区域流量超过负荷需要改变航线或航段时，由有关区域管制室向地区管理局飞行流量管理单位报告，如果采取的措施只涉及本区管制单位，则由地区管理局飞行流量管理单位协调当地有关单位后发布改变航线或航段的通知，并抄报民航局飞行流量管理单位备案。

限制起飞、着陆时刻和空中等待的程序，根据飞行流量管理的需要确定，区域管制室有权限制本管制区内各机场的起飞时刻，有权就即将由上一区域管制室或进近（机场管制塔台）管制区飞进本管制区的航空器提出限制条件，有权增开扇区。进近管制室（机场管制塔台）有权就即将由区域管制室管制区飞进本管制区的航空器提出限制条件，有权增开扇区。机场管制塔台有权限制即将由区域（进近）管制室管制区进入本管制区的航空器在本场着陆的时刻。机场管制塔台有权限制航空器的开车和起飞时刻。

任务五　了解空中交通管制设施及新航行系统

一、空中交通管制设施

空中交通管制系统中常用的设施设备，主要包括航空无线电导航系统、雷达系统和通信系统等。

（一）无线电导航系统

航空无线电导航是借助飞机上的无线电设备接收和处理无线电波来获得飞机导航参数的一种导航方法，它采用无线电导航设备和地面导航台对飞机定位

和导航。目前常用的无线电导航系统有全向信标导航系统、仪表着陆系统、多普勒导航系统、卫星导航系统等。

全向信标导航系统（VOR）由机载甚高频全向信标接收机、显示器和地面甚高频全向方位导航台组成。它采用几何定位法，机载接收机将接收到的导航台发出的两个不同相位的正弦波进行比较，即可得到飞机相对导航台的方位角，再与测距器配合即得到飞机至导航台的距离，从而得出飞机在空间的位置。

仪表着陆系统（ILS）通常由一个甚高频（VHF）航向信标台、一个特高频（UHF）下滑信标台和几个甚高频（VHF）指点标组成。航向信标台给出与跑道中心线对准的航向面，下滑信标给出仰角 2.5°~3.5° 的下滑面，这两个面的交线即是仪表着陆系统给出的飞机进近着陆的准确路线。指点标沿进近路线提供键控校准点，即距离跑道入口一定距离处的高度校验，以及距离入口的距离。仪表着陆系统的作用在天气恶劣、能见度低的情况下显得尤为突出，它可以在飞行员肉眼难以发现跑道或标志时，给飞机提供一个可靠的进近着陆通道，以便让飞行员掌握位置、方位、下降高度，从而安全着陆，所以人们也把仪表着陆系统称为盲降。根据盲降的精密度，盲降给飞机提供的进近着陆标准不一样，因此盲降可分为Ⅰ、Ⅱ和Ⅲ类标准。从飞机建立盲降到最后着陆阶段，若飞机低于盲降提供的下滑线，盲降系统就会发出告警。

多普勒导航系统（DOP）是利用多普勒效应实现无线电导航的机载系统。它由脉冲多普勒雷达、航向姿态系统、导航计算机和控制显示器等组成。它也叫航位推算法，利用航行速度三角形定位和定向。

卫星导航系统（GPS）由导航卫星、地面台站和用户定位设备组成。导航卫星是系统的空间部分，以多颗导航卫星构成空间导航网，"导航星"全球定位系统由 18 颗导航卫星组成导航网。地面台站跟踪、测量和预报卫星轨道，并对卫星上的设备工作进行控制管理。它包括跟踪站、遥测站、计算中心、注入站及时间统一等部分。飞机定位设备由接收机、定时器、数据预处理器、计算机和显示器组成。它接收卫星的轨道参数和定时信息，同时测出距离、距离差等导航参数，经计算得出飞机的位置三维坐标及速度矢量。

（二）雷达系统

空中交通管制单位通常配备相应的空管监视设备，以便监视和引导航空器在责任区内安全正常飞行。雷达（Radar）是空中交通管制单位使用的一种提供目标物的距离、方位和高度等信息的无线电探测装置。航管使用的雷达有两类：一类是用于探测空中物体的反射式主雷达，称为一次雷达；另一类称为二次雷达，二次雷达实际上不是单一的雷达，而是包括雷达信标及数据处理在内的系统。同时，一次和二次雷达数据配备有自动记录系统，供调查飞行事故和飞行事故征候、搜寻援救以及空中交通管制和监视系统运行的评价与训练时使用。移动通信、固定通信和监视设施的自动记录系统应当处于统一的时钟控制之下，并能够同步播放。

空中交通管制使用的一次雷达主要起监视的作用，可以分成三类：

（1）机场监视雷达，用以探测和显示航空器在终端区位置。它的作用距离为100海里，主要是塔台管制员或进近管制员使用。机场监视雷达提供距离和方位信息，但不提供高度数据。

（2）航路监视雷达，设置在航管控制中心或相应的航路点上。它的探测范围在250海里以上，高度可达13 000米。航路上的多部雷达能把整个航路覆盖。

（3）机场地面探测设备，它的功率小，作用距离一般为1英里，主要用于特别繁忙机场的地面监控。它的主要作用是在能见度低的时候提供飞机和车辆的位置信息，可以监控在机场地面上运动的飞机和各种车辆。塔台管制员用它来控制地面车辆和起降飞机的地面运行，保证安全。

二次雷达上可以显示飞机的编号、高度、方向等参数，使雷达由监视的工具变为空中管制的手段。二次雷达的出现是空中交通管制的最重大的技术进展，二次雷达要和一次雷达一起工作，它的主天线安装在一次雷达的上方，和一次雷达同步旋转。二次雷达系统的另一重要组成部分是飞机上装的应答机，应答机是一个在接收到相应的信号后能发出不同形式编码信号的无线电收发机，应答机在接收到地面二次雷达发出的询问信号后，进行相应回答。这些信号被地面的二次雷达天线接收，经过译码，在雷达屏幕出现的显示这架飞机的亮点旁边，会显示出飞机的识别号码和高度，管制员能很容易地了解飞机的位

置和代号。为了使管制员在询问飞机的初期就能很快地把屏幕上的光点和所对应的飞机联系起来，机上应答机还具有识别功能，驾驶员在管制员要求时可以按下"识别"键，这时应答机发出一个特别位置识别脉冲（SPI），这个脉冲使地面站屏幕上的亮点变宽，以区别于屏幕上的其他亮点。

（三）通信系统

航空通信系统是为了保证民用航空飞行通信联络的需要专门建立的通信系统。空中交通管制通信系统用以交换和传递飞行计划和飞行动态，移交和协调空中交通管制，包括报文通信和直通电话。航空电信网通过不同类属的空地和地地通信链路向机组、空中交通管制员、航空器经营人提供数字化数据信息交换的通信网络。航空通信系统主要涉及数据链通信、航空移动通信业务和航空电信网。

空管通信网以自动转报、分组交换和卫星通信为主，直接服务于机场有关部门和航空公司有关部门，连接全国各主要航站，覆盖所有国际航路和国内干线航路，承担民航空管通信的话音业务和数据业务，主要是地对地通信和地对空通信。其中地对空通信业务分为四种类型：①空中交通服务（ATS），包括放行许可及证实、管制移交及证实、飞行动态、航行通告、天气预报、空中交通管制、飞行员位置报告等话音、数据业务；②航务管理通信（AOC），包括气象情况、飞行计划数据、飞行员与调度员通信、飞行情报等话音、数据业务；③航空行政管理通信（AAC），包括设备与货物清单、旅客旅游安排、座位分配和行李查询等数据业务；④航空旅客通信（APC），包括机组人员的私人通信等业务。完成上述话音、数据业务的通信系统和网络包括平面数据通信网络、卫星通信网络、VHF 数据链通信网络等。

数据链通信包括高频数据链通信（HF）、甚高频数据链通信（VHF）以及二次监视雷达（SSR）的 S 模式。高频话音/数据通信（HF）不仅可用于北极和南极区域的自动相关监视，而且在国内干线飞机上的应用也很好；甚高频话音/数据通信的延时低，数据通信速率高，且音质好、费用低，因此在终端交通密集区可应用于新系统中；S 模式的 SSR 数据链，在对空中交通进行非相关监视的同时提供空—地数据链路，它比 VHF 数据链速率高，被用于终端与其他交通密集区。航空移动通信使空中飞机在任何地方都能与地面进行实时有效的通信，且在空管中心的实时监视之中。空-地通信采用 HF、VHF、SSR.
的 S 模式和 AMSS 数据链，在飞行过程中根据需要进行自动选择。地—地通
信主要依靠现有局域网来完成，它们按照国际标准化组织的开放系统互联标准
互联，使机场、航空公司及航管部门之间实现通信链接。

二、新航行系统（CNS/ATM）概述

空中交通管制工作由一系列复杂的任务组成，要求管制员具有高度的技能
和灵活应变的能力，如对空域的洞察力，可用信息的处理、推理和决断的独特
能力。全球一体化 ATM 所显示的安全性、空域高容量和飞行有效性要求管制
员在发挥其特有能力的同时，还要利用自动化手段改善管制工作效率。在航行
数据采集处理、动态空域的组织、飞行状态的预测、解决冲突建议措施的选择
过程中，自动化系统的快速解算能力获得的更及时、更准确的结果，可帮助管
制员自动进行空中交通活动的计算、排序和间隔，获得更直接的航路，以在有
限的空域内建立有效的飞行流量。同时，各种信息的多途径自动有效传输极大
地减轻了管制员的工作负荷。新航行系统是为解决现行航行系统在未来航空运
输中的安全、容量和效率不足等问题，在飞机、空间和地面设施三个环节中，
应用卫星和数字信息提供的先进的通信（Communication）、导航（Navigation）
和监视（Surveil-lance）技术（CNS 技术）方案。新航行系统主要是以空中卫
星为基本特征的（以下简称"星基"）。导航是核心，通信是必要条件，监视
是系统安全保障的手段，三者缺一不可。CNS 系统在航空中的应用将为全球
航空运输的安全性、有效性和灵活性带来巨大的变革，使民用航空进入了新的
发展时期。

（一）新航行系统的组成

新航行系统由通信、导航、监视和空中交通管理（ATM）四部分组成，
其中通信、导航和监视系统是基础设施，空中交通管理是管理体制、配套设施
和应用软件的组合。

新航行系统采用"卫星技术＋数据链技术＋计算机网络技术＋自动化"
的新技术。系统利用卫星技术，从路基通信、导航、监视系统逐步向星基通

信、导航、监视系统过渡，逐步以星基系统为主，保证空中交通形成空地一体化、全球连续无隙通信；数据链技术的开发利用，实现空—地、地—地可靠的数据交换，并进一步实现空—空数据交换，使空中交通管理实现高度自动化、智能化；系统采用数字化、计算机信息处理技术，保证空中交通安全有序，同时也减轻驾驶员和管制员负担。

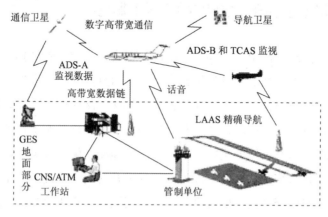

图 4-5-1　新航行系统

1. 通信系统

在新航行系统中，导航和监视系统所形成的各种数据都是通过通信系统来传输的，因此，通信系统是新航行系统的基础。通信系统主要涉及数据链通信、航空移动卫星业务（Aeronautical Mobile-Satellite Service，AMSS）和航空电信网（Aeronautical Telecommunication Network，ATN）。

数据链通信包括高频数据链通信（HF）、甚高频数据链通信（VHF）以及二次监视雷达（SSR）的 S 模式。

航空电信网是 CNS/ATM 系统的一个重要组成部分，是新航行系统中通信系统的主体，融地面与空地数据通信为一体，实现各空中交通管理计算机系统之间、数据处理系统之间以及各类航空用户之间的数据交换，使整体的航空电信网在设计、管理和控制每个子网方面十分灵活，而每个子网又很容易实现其网络环境中的各种应用，可以区分安全通信和非安全通信并按航空电信要求建立优先等级。各种空地通信的数据均能连接到地面空中交通管制计算机系统和航空通信单位的计算机系统，并可在这些计算机系统中按规定地址进行端到端的连接和高速数据交换。

与传统的通信系统相比，新航行系统的通信系统主要增加了数据通信、卫星通信、二次雷达 S 模式数据链和 ATN。它具有如下特点：有更为直接和有效的地空数据链；数据处理上的改善，减少信道拥挤，减少通信差错；应用中的共用性，减少工作量；更为精确的数据，减少误码率，节约成本。

2. 导航系统

星基空中交通管理系统的核心就是 GNSS，它包括美国的全球定位系统（Global Positioning System，GPS）、俄罗斯联邦的全球定轨导航卫星系统（Global Navigation Satellite System，GlLONASS）和国际海事卫星通信系统（International Maritime Satelllite，INMARSAT），以及其他的卫星导航系统。

GPS 布设（24+3）全球卫星导航星座（24 颗工作星 +3 颗备用星），分布在 6 个轨道上，每个轨道上布设 4 颗卫星，如图 4-5-2 所示。它提供 P 码信号精度定位（Precision Positioning Service，PPS）和 C/A 码信号标准定位（Standard Positioning Service，SPS）两项服务。PPS 只有美国军方以及特许用户才能使用，定位精度优于 10 米；SPS 为民用，定位精度水平位置为 100 米，垂直位置为 156 米。

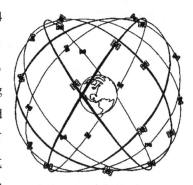

图 4-5-2　GPS 卫星

GLONASS 类似于 GPS，空中 24 颗卫星分布在 3 个轨道上，每个轨道布设 8 颗卫星。俄罗斯早在 20 世纪 80 年代就宣布免费向全世界民用用户提供民用码信号服务，其定位精度与 GPS 的 C/A 码接近。

INMARSAT- III 卫星转发来自地面基准网的广域电离层校正值与差分 GNSS 修正值，还转发来自地面监控网的 GPS 和 GLONASS 的完善性信息，它还发送附加的测距信号。

CNS/ATM 的 GNSS 导航主要靠 GPS 和 GIONASS，INMARSAT- III 卫星的主要作用是改善其实时定位精度，增强民用导航的可靠性。使用 GNSS，飞机就可以直线飞行，既缩短了飞机间隔，省时省油，又提高了安全性、准点率与空间利用率，而且还能以此为基础作自动相关监视（ADS）。

3. 监视系统

新航行系统中的监视系统主要包括 A/C 模式或 S 模式的二次监视雷达、自动相关监视（ADS）和广播式自动相关监视（ADS-B）。

由于雷达波束的直线传播，形成了大量雷达盲区，因此 SSR. 主要用于终端区和高密度陆地空域的监视。ADS 主要在洋区、低密度大陆区域以及其他需要的内陆区域使用，也可以作为高密度区域二次监视雷达（SSR）的备份手段。利用 ADS-B 技术，本机收到邻机位置报告后能实现空对空相互监视功能；同时，利用 ADS 技术和甚高频数据通信，在繁忙的机场上可以进行场面监视，防止车辆等非法进入跑道，以保证机场活动的安全。

ADS 是新航行系统新增的监视方式之一，由卫星导航、空地数据链、先进的地面处理和显示系统组成。与地面主动监视的雷达监视不同，ADS 系统是依靠飞机报告位置的被动监视方式。机载电子设备（卫星导航或惯性导航）导出的位置数据通过数据链传送到地面，然后在自动相关监视终端（即新航行系统工作站）上形成空中交通信息，最终在管制员荧屏上显示出来。新的监视系统可以减少位置报告的误差，可对非雷达空域进行监视，提供更为精确的位置数据，可以提供更便捷的航线，允许飞机剖面的临时改变从而提高灵活性，大大节约成本。

4. 空中交通管理系统

新航行系统由通信、导航、监视和空中交通管理组成。实际应用中，虽然存在独立的可用技术和设备性能规定，但从完成安全、有效飞行任务总目标意义上认识，其中的通信、导航和监视系统以硬件设备和应用开发为主，空中交通管理则以数据综合处理和规程管理运行为主。空中交通管理考虑空中及地面系统的运行能力以及经济上的需要，为用户提供空域上的最大效能；考虑飞机装备的等级和运行目的的不同，灵活地组织不同的用户之间分享空域；保证空中交通管理系统的总效率；向用户提供从起飞到着陆的连续协调、有效服务和管制，确保安全；与国际上协调一致，保证飞越国境顺利进行。

（二）新航行系统的特点

新航行系统是一个完整的系统。新航行系统由通信、导航、监视和空中交通管理组成。实际应用中，虽然存在独立的可用技术和设备性能规定，但从完成安全、有效飞行任务总目标意义上认识，其中的通信、导航和监视系统以硬件设备和应用开发为主，空中交通管理则以数据综合处理和规程管理运行为主。通信、导航、监视和空中交通管理之间相辅相成，在科学的管理方法指导下，高性能的硬件设备能为实现 ATM 目标提供辅助的手段，为空中交通高效率运行提供潜能。不论是现在 ATC 的目标，还是今后全球 ATM 的目标，都是依赖于当时可用技术和设备能力提出来的。新航行系统将各种可靠的手段和方法有机地综合在一起，将来自各信源的信息加工处理和利用，实现一致的和无缝隙的全球空中交通管理。

新航行系统是一个全球一体化的系统。新航行系统满足国际承认和相互运行的要求，对空域用户以边界透明方式确保相邻系统和程序能够相互衔接，适合于广泛用户和各种水平的机载电子设备。随着新航行系统不断完善，在安全性、规范性、有效性、空域共享和人文因素等方面提出的新规定，成为发展新航行系统过程中普遍应用的系列标准，指导各国、各地区有效实施新系统，取得协调一致的运行效果，使空中交通管理和空域利用达到最佳水平，从而实现全球一体化 ATM 的目标。无论在境内还是跨国空域运行，全球一体化的航行系统以无缝隙的空域管理为用户提供连贯和一致性的服务。

新航行系统采用的卫星技术和数据处理技术从根本上克服了陆基航行系统固有的而又无法解决的一些缺陷，如覆盖能力有限、信号质量差等。而其计算机应用和自动化技术是实现信息处理快捷、精确，减轻人员工作负荷的重要手段。同时，新航行系统是一个发展的系统，今天的新航行系统方兴未艾。面对交通持续增长和新技术的不断涌现，新航行系统会不断地吸纳新技术，并使其向更趋于理想模式的方向发展。在完善各种性能要求，并在所需性能指导下，新航行系统可为各国、各地区提供广泛的新技术应用空间和发展余地。

思考与练习

1. 简述空中交通管理的概念。

2. 简述空中交通管制的概念，并列举各分类的主要功能。

3. 比较程序管制与雷达管制的特点。

4. 空中交通管理的飞行规则有哪些？

5. 简述空域、空域管理的概念以及空域规划的目的。

6. 空域包括哪些类型？我国是怎样具体实施空域划分的？

7. 简述航行情报服务的主要内容。

学习效果检测

扫描下方二维码，检测你的学习效果。

04

学习检测

实训与分享

以小组为单位，进行资料查询，对我国空管领域的新技术进行分析总结，每组以 PPT 形式进行汇报。

项目导读

机场也称航空港，是民用航空运输运营必不可少的条件，功能不同的航空港其规模也会有很大的区别。本项目从机场的发展介绍航空港的概念、类型及其分布，并介绍我国主要大型航空港的情况。

学习目标

知识目标：了解民用机场的发展历史、机场的分类以及飞行区的划分，世界航空港的分布；了解航空港在经济发展中的作用；了解我国主要航空港的建设和发展情况。

技能目标：掌握机场的基本概念，比较区分航空港的类型；掌握航空港功能区域的划分及其功能。

素质目标：培养立足民航、服务民航的职业责任感。

📄 案例导入

上海虹桥综合交通枢纽

上海虹桥综合交通枢纽集民用航空、高速铁路、城际铁路、高速公路、磁浮、地铁、地面公交、出租汽车等多种交通方式于一体，可实现跨区域、大范围人流物流的快速集散，是国内乃至世界上最大的综合交通枢纽之一。其在2010年建成投用，为中国民航开创了空地联运的范例。随着虹桥枢纽的成功，为机场引入铁路线、开展空铁联运的模式，近年来在各地机场不断出现；而即

使在空铁联运日益普及的当下，虹桥枢纽的规划布局，直接将城市主客站级别的火车站与重要航空枢纽连为一体，能够最大限度提升空铁联运效率、方便广大辐射地域内联运旅客不用转车一次即达，依然在全国民航机场独树一帜。

目前，虹桥枢纽已有京沪高铁、沪宁城际、沪杭高铁三条铁路；接入枢纽的第四条铁路线——沪苏通铁路一期工程——已经建成，并于2020年7月通车。沪苏通铁路将方便苏中、苏北、鲁南广大地区的民航联运旅客，更便捷顺畅地前往虹桥机场搭乘航班。

2020年6月5日新开工的沪苏湖高铁起于虹桥枢纽，途经上海市闵行区、松江区、青浦区和江苏省苏州市，最终通达浙江省湖州市，线路全长163.8公里，设计速度目标值为350km/h，规划远景客车118对/日。沪苏湖铁路是《国家中长期铁路网规划》中"八纵八横"主通道的连接线，能够加强上海与华中及长江中下游南翼、皖南浙北等区域的快速联通。未来建成通车后，将为上海虹桥国际机场扩展空铁联运范围、完善服务辐射能力，再添有力支持。

任务一　了解民用机场的发展历史、分类及作用

一、民用机场定义及发展历史

民用航空运输是依赖飞机在空中飞行完成的运输，但是飞机载运的旅客、货物、邮件等都来自地面，因此就需要一个场所提供民航运输的空中与地面的衔接服务，这个场所就是民用机场。民航机场提供飞机起降、停靠、航线维护和组织旅客、货物有序登机等保障服务。

民用机场的最终目的是保障民航飞机安全有效的运营，因此民用机场的演变是跟随着民航飞机的性能提升而逐步发展的，从世界范围来看，大致可以划分为三个重要发展阶段。

（一）第一阶段：飞行员的机场

世界上第一个机场是 1910 年在德国出现的，当时的机场只是人为地划定了一块草地，指定几个人负责管理飞机的起降，这也是现代大型机场的最基础性功能。为了便于飞机的存放，还设有简易的帐篷，作为飞机落地后的停放场地。由于飞行距离第一驾飞机首飞时间还不到十年，飞机的安全性和技术方面等诸多环节的设计和生产还不成熟，当时的飞机并没有成为一种运输方式进入交通领域，只不过用于航空飞行爱好者的冒险活动和军事飞行活动，所以这一时期的机场只是为飞机和飞行员服务，不具备任何社会服务的功能。

图 5-1-1　第一次世界大战时期的机场

（二）第二阶段：飞机的机场

第一次世界大战极大地刺激了欧美各国航空工业的发展，随着战争的结束，大批军用飞机和生产能力面临转移的局面，其中最好的转移方向就是军用转民用。大批军用飞机得到改装从事民航运输，加之开辟了多条国家间和洲际航线，民航运输业进入第一次春天。为了满足开设航线的需要，在这一时期各国纷纷新建机场，全球很多大型机场的雏形都是在这段时间完成的。由于飞机性能的提升，原有的草地跑道和地面人工指挥已经不能满足需求，飞机对机场的设施提出了更高要求，如航空管制、导航通信、跑道地面强度、安排旅客登机组织等。为了满足这些要求，机场在原有基础上出现了管制塔台来解决航空管制问题；采用混凝土道面来解决道面强度问题；建设候机楼来解决登机组织问题。诸多功能设施的出现奠定了现代大型民用机场的雏形，这一时期的机场

主要是为飞机服务。

民用机场的大发展始于第二次世界大战结束，1944 年芝加哥会议后成立了国际民航组织，通过相关条例统一了全球机场设计和施工标准，使得全世界的机场建设有规则可遵守，提升了通用性。

图 5-1-2 小型机场

（三）第三阶段：社会的机场

随着"二战"后全球经济的高速稳定发展，世界各国经济交往的日益频繁，极大地促进了运输业的发展，民航运输逐渐成长为远距离运输的主要方式。民航业的大发展刺激航空制造企业生产体积更大、飞得更远的民航机。特别是 20 世纪 50 年代末，随着大型民用喷气式飞机的出现，飞机变成大众交通工具，航空运输业也成为发达地区经济体系的重要组成部分之一，成为推动地方经济发展的引擎。当然机场的发展同城市的发展并非完全协调，随着大型飞机起降速度的增加，机场的跑道、滑行道和停机坪都要加固和延长；候机大厅、停车场、进出机场的交通设施都要新建或扩建；为了配合机场发展，在机场周围要建设大型物流园区或航空工业区，这些都对地方经济的发展起到带动作用。但是航班数量的增加和飞机大功率引擎的噪声又给机场周边的环境带来毁灭性影响。这一时期的机场俨然已经成为整个城市不可分割的一部分，但同时要求机场的建设和管理要同整个城市的发展规划一致，做到和谐统一。

图 5-1-3　现代空港

二、民用机场分类

（一）按用途分

机场按照其用途可以分为军用和民用两大类，只为商业性航空运输服务的机场称为民用机场，其分类如表 5-1-1 所示：

表 5-1-1　民用机场分类

在我国，大型的民用机场称为航空港，小型的民用机场称为航站。

（二）按飞行区等级划分

衡量一个机场的大小，一个关键的指标就是这个机场可以起降的飞机型号，那么如何判断一个机场可以起降哪种机型呢？这取决于机场跑道的相关指标。按照国际通行标准，机场的飞行区域划分为若干等级。飞行区等级用两个部分组成的编码来表示，第一部分是数字，表示与飞机性能所相应的跑道性

能和障碍物的限制；第二部分是字母，表示飞机的尺寸所要求的跑道和滑行道的宽度，因而对于跑道来说飞行区等级的第一个数字表示所需要的飞行场地长度，第二位的字母表示相应飞机的最大翼展和最大轮距宽度。它们相应的数据见表 5-1-2：

表 5-1-2　机场等级划分

第一位　数字		第二位　字母		
数字	飞机场地长度（米）	字母	翼展（米）	轮距（米）
1	＜800	A	＜5	＜4.5
2	800~1200	B	5~24	4.5~6
3	1200~1800	C	24~36	6~9
4	1800 以上	D	36~52	9~14
		E	52~60	9~14
		F	60~80	14~16

4E 级的机场可以起降各种大型的民航飞机，如波音 747-400 等，4F 级的机场可以停放已经投入商用的空中"巨无霸"A380 飞机。

三、世界航空港布局

民航运输业发展水平是由地区经济发展程度决定的，当一个地区经济发展到一个比较高的程度时必然会带来频繁的商业活动，从而为民航运输提供人流和物流。从整个世界范围来看，航空港主要分布在发达国家和地区，其中北美和欧洲大型航空港最为密集。

国际机场协会（ACI）公布的数据显示，在 2011 年全球机场的客货运量及飞机起降架次排名中，美国亚特兰大机场的客运量和起降架次仍居全球榜首，北京首都国际机场位居第二，广州白云国际机场、上海浦东国际机场分别位于第 19、第 20 名，而香港赤鱲角国际机场蝉联全球第一大货运机场，上海机场（包括上海浦东和虹桥国际机场）在货运方面则居于第 3 位。随着亚洲经济的崛起，尤其是中国经济持续多年的高速增长，亚洲已经成为国际民航运输中最活跃的区域之一。

四、航空港对区域经济的影响

（一）航空港是区域交通体系的重要组成部分

航空港是区域海陆空立体交通运输系统中的关键环节，航空俨然成为其所在城市及周边辐射区域通向国内外重要经济中心的重要门户。是否有大型国际航空港已经成为衡量一个城市或区域交通能力的重要标准。

（二）航空港是对外开放程度的缩影

民航运输业不仅是一个国家经济建设得以高速发展的重要支柱，而且是对外开放的助推器。在国际政治、经济、科技、文化的合作与交流过程中，现代化的航空港已经成为一个国家或者城市的标志，其水平和标准代表着一个地区的政治、经济和文化的发达程度。

（三）航空港是招商引资的砝码

大型航空港为了避免影响城市的整体发展，通常会在城市的周边建设。航空港可以提供快速的物流服务，尤其适合那些以转口型贸易为特点的工业集群发展。航空港所在地往往会吸引大量的内资和外资进行开发，在机场周边形成一整套的航空工业区，促进当地经济发展。

（四）航空港能促进当地经济发展

航空港为了给众多航空公司提供保障，需要大量相关服务人员。机场本身就是一个小型社会，其中的客货运输服务、航空配餐、航空油料供应以及围绕旅客和货物的各种服务，都可带来可观的收益和就业机会，从而带动当地经济发展。

任务二　了解航空港功能区域划分

一、航空港功能区域划分

根据国际民航组织的相关规定，航空港大体上按照功能划分为：飞行区、客运站区、货运站区、航管及助导航设施区、其他支援辅助设施区五大功能区域，每个区域具备相应功能，但是又不能独立存在，需要相互协调配合共同保障航空港的安全、高效运行。

二、飞行区

飞行区是完成飞机各项保障工作的操作平台，它由跑道、滑行道和停机坪三大部分组成。

（一）跑道

跑道是飞机起飞和降落的通道，是机场最核心的功能设施。跑道的等级直接决定着机场的各项关键指标，如：飞机起降架次、年旅客吞吐量、高峰小时旅客吞吐量等。除了跑道等级区别外，为了方便管理，设定了很多基本参数，包括：方向和跑道号、基本尺寸（跑道的长度、宽度和坡度）、跑道的道面和

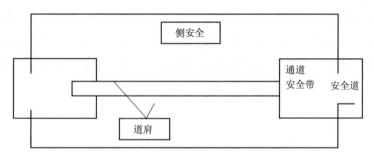

图 5-2-1　跑道及净空道图

强度。跑道还必须有一定的附属区域来确保飞机起降的安全性，包括道肩、安全带和净空道等部分。

（二）滑行道

滑行道是连接跑道各个出口和停机坪各机位运行的通道。飞机通过它从机坪的各机位滑行到指定跑道起飞端（飞机要求逆风起飞）或者通过它从降落端着陆减为滑行速度后滑行到指定停机位（飞机要求逆风降落）。通常大型航空港的跑道会设计多个跑道出口和滑行道相连，使降落的不同机型飞机迅速离开跑道，以便充分利用跑道资源。

滑行道的宽度由使用机场最大的飞机的轮距宽度所决定，要保证飞机在滑行道中心线上滑行，它的主起落轮的外侧距滑行道边线应不少于 1.5~4.5 米。在滑行道上飞机运行密度通常要高于跑道，飞机的总质量和低速运动时的压强也会比跑道所承受的略高，滑行道道面强度要求较高。为了方便机场路面指挥，在滑行道上都标有滑行路线。

图 5-2-2　美国亚特兰大机场

滑行道和跑道端的接口附近设有等待区，地面上有标志线标出，飞机在进入跑道前在这个区域等待许可指令。等待区与跑道端线保持一定的距离，以防止等待飞机的任何部分进入跑道，成为运行的障碍物或产生无线电干扰，从而造成飞行危险。

（三）停机坪

停机坪是停放飞机和旅客及货物登机的地方。它根据运输产品种类可以划分为客机停机坪和全货机停机坪；根据位置可以划分为近停机坪和远停机坪。为了提高机场运转效率，停机坪会划分为不同区域的多个停机位。近机位通过廊桥上下旅客，远机位通过摆渡车和悬梯车上下旅客。停机坪上也画有相关滑

行指示标志，为了操作快捷，不同机型停靠应按照相关指示标志进行。停机坪交通限制也是极其严格的，在停机坪上穿梭的各种服务特种车辆，除了要按着机场规定行驶外，还要遵循"车让机"的总原则。停机坪的管理状况是衡量一个航空港管理水平高低的重要表征。

三、客运站区

客运站区是旅客进入航空港登机前活动的主要场所，具体包括：航站大厦、候机厅和停车场。

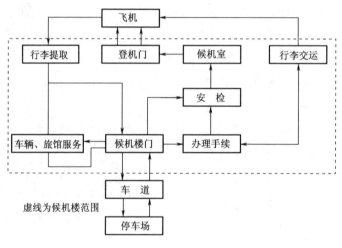

图 5-2-3　候机楼流程图

（一）航站大厦

航站大厦又称"客运楼"，国际航空港的航站大厦基本都分为国内、国际出发大厅和国内、国际到达大厅四个基本区域。航站大厦往往是航空港的标志，其中有些已经成为其所在城市的标志性建筑。旅客到达机场首先进入出发大厅办理乘机和行李托运相关手续，然后通过安全检查（国际出发还需要通过海关和边检）进入控制区域等候登机。旅客乘坐飞机到达目的地机场，下机后通过捷运系统来到到达大厅，如果有托运行李在行李提取履带处提取，然后经过工作人员核对无误后离开控制区域，结束旅行。

图 5-2-4　洛杉矶国际机场航站大厦

（二）候机厅

候机厅是旅客办理相关手续进入机场控制区等待登机的区域。候机厅为旅客提供多种服务，有购物、餐饮、休闲等设施。

候机厅根据不同的设计布局可以分为如下几类：远端停机式、直线式、指状长堤式、卫星式、个别单元式五种。

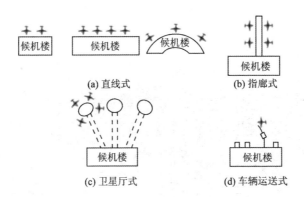

图 5-2-5　各种类型的登机机坪

1. 远端停机式

远端停机式是指飞机停靠在航空港的远机位，旅客需要通过摆渡车到达飞机附近。其好处是大大减少了建筑费用，有不受限制的扩展余地。大型飞机往往采用这种方式，因为近机位资源有限，没有办法停靠大型号飞机。但它的劣势在于会增加停机坪上运行的车辆，增加相关服务人员，也增加旅客登机的时

间，给旅客上下飞机带来不便。

图 5-2-6 远端停机式布局

2. 直线式

直线式是最简单和常见的候机厅布局，即飞机停靠在候机厅墙外，沿候机楼一线排开，旅客出了登机门经过登机廊桥直接登机。其优势是简单、方便，但能即时处理的飞机数量较少，在交通流量很大的时段，有些飞机就无法停靠到位，造成延误。

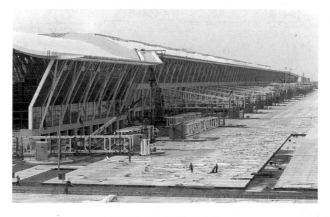

图 5-2-7 直线式布局

3. 指状长堤式

指状长堤式指由航站大厦伸出拇指状走廊，飞机停靠在指廊两边。其优势是在相同的区域空间内同时可以停靠多架飞机，指状长堤式是目前大型空港中使用比较多的一种，指廊内设置有代步捷运系统方便旅客，减少其步行距离。

图 5-2-8　指状长堤式布局

4. 卫星式

卫星式是在航站大厦外一定距离设立一个或几个候机岛，飞机可以沿卫星厅停靠，卫星厅和航站大厦之间有活动人行通道或定期来往车辆沟通。与指廊式比较，其优势在于卫星厅内可以有很多航班，各航班旅客登机时的路程和用去的时间大体一致，旅客在卫星厅内可以得到较多的航班信息。但其缺点是建成后不易进一步扩展。

图 5-2-9　卫星式布局

5. 个别单元式

个别单元式适合周转量大的中枢网络型机场，其候机厅是根据机场布局和航班特点，将以上四种独立的形式加以组合，形成个别单元共同构成航空港的候机区域。这种方式可以最大限度地发挥上述各种方式的优势，弥补不足，提高整个机场的运转效率。

图 5-2-10　个别单元式布局

（三）停车场

停车场是航空港的功能区域，可以方便旅客自驾车旅行。发达国家在停车场还提供租车等衍生服务。为了方便旅客更快速地进出机场，很多大城市修建专门的高速公路和轨道运输连接机场和市区。上海就有全球首条投入商用的磁悬浮列车通往浦东国际机场。

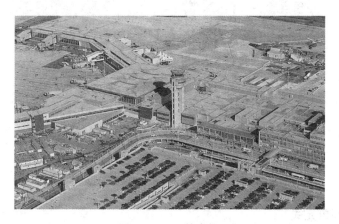

图 5-2-11　停车场

四、货运站区

货运站区是从事民航货物运输操作区域的总称。通常由全货机停机坪、货运中转仓库、货运代理人操作区组成。在国际货运航班较多的机场，为了提高国际货运的效率，海关设有专门的驻机场办事机构，提供海关监管服务。依托民航货运站区一般还会成立航空物流园区和进出口保税区，带动机场周边工业的发展。

图 5-2-12　机场货机坪

五、航管及助导航设施区

航管及助导航设施区是保障飞机在机场安全起降和指挥飞机在停机坪滑行的设施的总称。其中航空管制塔台是最核心的区域，塔台是机场最高的建筑，飞机管制员通过仪表和目视指挥飞行员完成飞机的起飞、降落和滑行，可以将其比喻为整个航空港的大脑。

知识拓展 5-1

北京大兴机场空管配套工程简介

当然，只有塔台管制是远远不能满足飞机安全需要的，还需要诸多导航设施相配合，这部分内容在上一章的空中交通管制已有详细介绍。

图 5-2-13　航空管制塔台

六、其他支援辅助设施区

航空港是一个由众多功能区域构成的复杂区域，除了上面介绍的四大区域外，还包括机务维修区、航空油库、消防站、机场医院等辅助设施，合称为其他支援辅助设施。

（一）机务维修区

飞机体积巨大，除了机场停机坪之外很难在其他区域活动，为了确保飞机的安全和适航性，需要对其进行定期检查和修理维护。机场划出专门的区域供航空公司和相关专业机务维修公司对飞机进行操作。

（二）航空油库

飞机的运行需要大量的燃油，机场是飞机装载燃油的场所。在航空港的周边往往会建设有大型航空油库，以保障大量民航机的燃油需要。在停机坪地面下通常都铺设有输油管线，通过加油车安全高效地为飞机补充燃油。

（三）消防站和机场医院

虽然民航运输是最安全的运输方式，但是大型民航机个别时候也会出现一些情况，为了避免人员伤亡和财产损失，国际民航组织要求在机场设有专用消防站，而且由于机场地势平坦，通常采用重型消防装备。

航空港往往距离市区较远，为及时抢救危重伤病人员，大型航空港设有机场医院，保障旅客和工作人员的健康。

任务三　我国大型航空港简介

一、北京首都国际机场和北京大兴国际机场

北京目前有两个机场，一个是北京首都国际机场，另一个是北京大兴国际机场。北京首都国际机场自 1958 年 3 月 2 日投入正式使用以来，伴随着历史的脚步，始终昂首向前。为满足旅客不断增长的需求，北京首都国际机场从 1965 年开始，先后进行了 7 次大规模的改扩建。1980 年 1 月 1 日，面积达 61 580 平方米的 1 号航站楼正式启用。1999 年 11 月 1 日，航站楼面积达 33.6 万平方米的 2 号航站楼全面投入运营。2008 年，T3 航站楼拔地而起，成为当时世界上面积最大的单体航站楼。随后，在试运行不到两个月的时间里，北京首都国际机场全力组织了 6 次近万人的大规模演练，最终实现了 3 号航站楼的成功接收和顺畅运营，赢得了世界同行的高度评价。随着中国经济的快速发展，并得益于北京得天独厚的政治、经济、文化和地理位置优势，北京首都机场是目前国内唯一一个拥有 3 座航站楼、3 条跑道、双塔台同时运行的大型国际航空枢纽。

2018 年，首都机场旅客吞吐量首次破亿，达到 1.01 亿人次。2019 年，北京大兴国际机场正式投运，北京正式步入"一市两场"新时代，首都机场当年旅客吞吐量再次破亿，连续 10 年位列全球第二名。截至 2021 年 11 月，首都机场驻场航司共计 86 家，其中外航 60 家，内航及地区航司 26 家。2021 年上半年，首都机场共通航 52 个国家和地区的 198 个航点，其中国内航点 131 个（含地区 3 个），国际航点 67 个；通航客运航点 156 个，通航货运航点（含客

改货）77 个，客货运重叠航点 35 个。

作为欧洲、亚洲及北美洲的核心节点，北京首都国际机场凭借得天独厚的地理位置、方便快捷的中转流程、紧密高效的协同合作，成为连接亚、欧、美三大航空市场最为便捷的航空枢纽。北京大兴国际机场开通运行以后，国航为北京首都国际机场的主基地航空公司，中航集团、海航、大新华航等公司保留在北京首都国际机场运营。首都机场所在的京津冀都市经济圈处于环渤海地区和东北亚的核心重要区域，作为京津冀地区重要的枢纽机场，是构筑北京一流的国际化大都市的重要环节，更是一流城市所必需的配套支撑。目前，首都机场定位为"大型国际航空枢纽、中国第一国门、门户复合枢纽，服务于首都'四个中心'核心功能"。

图 5-3-1 北京首都国际机场

多年来，北京首都国际机场以"旅客服务促进委员会""安全管理委员会"和"运行协调管理委员会"为平台，努力营造"同在国门下，同是一家人"的国门文化，共同打造"中国服务"品牌。在近 100 家驻场单位的共同努力下，北京首都国际机场的旅客满意度实现了快速提升。2018 年、2019 年，北京首都国际机场年旅客吞吐量连续 2 年突破 1 亿人次，连续 10 年位列全球第 2 名，国际机场协会旅客总满意度达到 4.99。2019 年，北京大兴国际机场正式投运，北京正式步入"一市两场"新时代。

北京大兴机场位于京冀交界处，距天安门广场直线距离 46 公里，距北京城市副中心 54 公里，距雄安新区 55 公里，距廊坊市中心 26 公里，距天津市中心 82 公里，是京津冀协同发展的关键基础设施布局，于 2019 年 9 月 25 日正式开通运行。大兴机场是按照大型国际枢纽机场理念设计的，近机位数量79 个，航站楼机位展线长度达 4000 米；航站楼功能区垂直分布，功能区可因需切换，航站楼中心到最远端登机口步行距离不超过 600 米，首件进港行李13 分钟内到达，4 项中转时间等指标均居世界前列。大兴机场定位为"大型国际枢纽机场"，远期规划 6 条跑道，可满足年旅客吞吐量 1 亿人次以上、货邮吞吐量400万吨、飞机起降量88万架次的使用需求。近期规划目标到2025年，建设飞行区等级指标为4F、"三纵一横"四条跑道及相应滑行道系统，新建各类机坪机位共计343个，其中，近机位79个、远机位及缓压机位116个、货机位26个、除冰位16个、维修机位13个、试车位4个、隔离机位1个、公务机机位87个、公务机试车位1个，可满足年旅客吞吐量7200万人次、货邮吞吐量200万吨、飞机起降63万架次的运行需求。大兴机场建成投运使北京迈入"一市双枢纽"的世界先进行列，有效缓解北京首都机场旅客吞吐量持续快速增长的需求，合理的国际航空枢纽及国内机场网络布局，有效优化国际国内航线网络具有巨大的促进作用，在设施规模、保障能力、发展质量等方面，将可比肩伦敦、纽约、东京、巴黎等世界级"一市两场"或"一市多场"城市。

大兴机场逐步承接南航、东航等航空公司在首都机场的业务以及原南苑机场全部航班，显著缓解首都机场运行保障压力，也为首都机场提质增效、再造国门提供难得的窗口期，为首都地区民航业高质量发展开拓了广阔空间。国航为北京首都国际机场的主基地航空公司，中航集团、海航、大新华航等公司保留在北京首都国际机场运营。同时，大兴机场可以有力应对国际航空枢纽竞争。在区位上，北京是东南亚、南亚中转至欧美地区的最佳地点之一，加之我国腹地市场广阔，理应具有更强的国际竞争力。大兴机场投运后，北京航空市场可以深度调整结构、转型升级，充分发挥"双枢纽"资源优势，凭借更强大的航线网络覆盖、更高效的综合交通系统、更便捷的出行流程、更愉悦的服务体验，紧盯国际一流航空枢纽目标，在亚太和中东地区的枢纽角逐中，迅速抢占制高点，更好地服务于我国经济以国内大循环为主体、国内国际双循环相互促进的新发展格局。

依据北京"一市两场"的定位目标，在功能定位上，北京大兴国际机场定位为大型国际航空枢纽、国家发展一个新的动力源、支撑雄安新区建设的京津冀区域综合交通枢纽；北京首都国际机场定位为大型国际航空枢纽、亚太地区重要复合枢纽、服务于首都核心功能。在这个双枢纽的带动下，京津冀地区将形成一个机场群，天津的滨海国际机场将成为北方的国际航空货运中心，石家庄正定机场重点发展航空快件集散及低成本航空。

二、上海浦东国际机场和上海虹桥国际机场

上海是中国重要的门户口岸，是连接世界的桥梁纽带，也是中国大陆首座同时拥有两个国际机场的城市，浦东国际机场和虹桥国际机场分别位于城市的东西两侧。为了适应"一市两场"的上海空港运行新格局，1998年5月28日，经上海市人民政府批准，上海机场（集团）有限公司组建成立，统一经营管理浦东和虹桥两大国际机场。

近年来，在中国民航局和上海市委、市政府的领导和关心下，上海机场集团紧紧围绕推进上海航空枢纽建设和建立现代企业制度两大战略目标，树立"超越航空，超越上海"的全局观念，坚持"战略规划引领企业发展"的科学发展思路，抓住机遇，深化改革，加快发展，在安全服务效益和建设改革发展等各方面取得新的业绩。

目前，上海机场集团正加快软硬件建设，以进一步适应航空枢纽运营的要求。在2008年3月投入运营的浦东机场第二航站楼的设计建设中，强化了"满足基地航空公司及其联盟中枢运作的需要"和"以人为本，最大限度方便旅客"的理念。2010年3月，作为虹桥综合交通枢纽的主体工程，包括第二航站楼和第二跑道在内的虹桥机场扩建工程率先投入使用，一个世界级的综合交通枢纽雄姿初现。至此，上海已成为国内首个拥有两个机场四个航站楼五条跑道的城市，两大机场为2010年上海世博会提供了一流的航空服务保障。DHL与UPS的相继落户，使浦东机场成为全球首家同时拥有两个国际转运中心的机场，为上海率先确立国际航空货运枢纽的地位创造了条件。

浦东机场是上海两大国际机场之一，位于浦东新区滨海地带，距上海市中心约30公里，距虹桥机

图 5-3-2　上海浦东国际机场出发门

场约 52 公里，拥有停机位 218 个，其中 70 个登机桥位，65 个远机位，58 个货机位，25 个维修机位，与北京首都国际机场、香港国际机场并称中国三大国际机场。2019 年旅客吞吐量 7615.34 万人次，同比增长 2.9%；2019 年货邮吞吐量 363.42 万吨，同比增长 -3.6%；2019 年起降架次 51.18 万架次。

上海虹桥国际机场长宁区和闵行区交界处，距市中心 13 千米，为 4E 级民用国际机场，是中国三大门户复合枢纽之一、国际定期航班机场、对外开放的一类航空口岸和国际航班备降机场，1971 年由军民合用改为民航专用。上海虹桥国际机场拥有跑道两条，分别长 3400 米、3300 米；共有 89 个机位，2017 年旅客吞吐量 4188.41 万人次，货邮吞吐量 40.75 万吨，起降架次 26.36 万架次，同比增长 3.5%、-5%、0.6%。

上海地处亚洲、欧洲和北美大三角航线的端点，直接服务区是中国目前经济发展速度最快、经济总量规模最大、最具有发展潜力的长三角地区，两小时飞行圈覆盖中国 93% 的 GDP 产出地、54% 的国土资源和 90% 的人口以及日本、韩国的大部分地区，将上海机场定位于

图 5-3-3 上海虹桥机场航拍图

集本地运量集散枢纽功能、门户枢纽功能、国内和国际中转枢纽功能为一体的大型复合枢纽，构建完善的国内国际航线网络，成为连接世界各地与中国的空中门户，建成亚太地区的核心枢纽，最终成为世界航空网络的重要节点。

三、广州白云国际机场

广州白云国际机场是国家定位的全国三大国际航空枢纽之一，国家"一带一路"倡议和"空中丝绸之路"的重要国际航空枢纽之一，粤港澳大湾区核心枢纽机场。始建于 20 世纪 30 年代，于 2004 年 8 月 5 日转场正式启用，新机场位于市北的花都区，距市中心海珠广场直线距离为 28 公里。机场内综合交

通中心建筑面积 20 余万平方米，广州地铁 3 号线机场北站、市区及长途大巴、出租车上客区，以及穗莞深城轨北延段 T2 站一并接入交通中心，实现民航、城轨、地铁、高速公路无缝对接，为旅客换乘各种交通工具提供了更多便利。

图 5-3-4　广州白云机场国内到达大厅

白云机场自 2004 年转至现址运行以来，各项业务迅猛发展，硬件设施不断完善，国际航空枢纽建设持续推进。转场当年旅客吞吐量就超过了 2000 万人次，此后基本以每三年净增 1000 万人次的增速快速增长。2007 年突破 3000 万人次，2010 年突破 4000 万人次，2013 年突破 5000 万人次。2017 年突破 6500 万人次。2019 年再次突破 7000 万人次大关，全年实现旅客吞吐量超 7300 万人次。2020 年全年运输旅客 4376.8 万人次，成为全球疫情后复苏最快、客流量最大的机场。

白云机场现有两座航站楼、三条跑道，飞行区等级为 4F 标准，可满足 A380 等大型宽体客机起降及停放需要，标准机位 269 个（含 FBO）。T1 航站楼建筑面积 50 余万平方米，T2 航站楼及综合交通中心建筑面积 80 余万平方米，目前 T1、T2 两座航站楼设计容量可满足年旅客吞吐量 8000 万人次。2020 年 9 月，广州白云国际机场三期扩建工程正式开工。根据新修编的总体规划，白云机场按照近期 2030 年飞机起降 77.5 万架次、旅客吞吐量 1.2 亿人次、货邮吞吐量 380 万吨，终端 2045 年飞机起降 87 万架次、旅客吞吐量 1.4 亿人次、货邮吞吐量 600 万吨进行规划建设。

白云机场所在地广州是华南地区最大的进出口岸和重要的交通枢纽，凭借其得天独厚的地理位置及海陆空层次分明的交通体系，具有覆盖东南亚、连接欧美澳，辐射内地各主要城市的天然网络优势。目前，白云机场是中国南方航空公司、海南航空、中国东方航空公司、深圳航空公司、九元航空公司、中原龙浩航空公司和浙江长龙航空公司等基地机场；与近 80 家中外航空公司建立了业务往来，航线通达国内外 230 多个通航点，其中国际及地区航点超过 90

个，与国内、东南亚主要城市形成"4小时航空交通圈"，与全球主要城市形成"12小时航空交通圈"，航线网络覆盖全球五大洲。2019年5月1日起，正式实施144小时过境免签政策。未来，白云机场将打造集航空运输、高铁、地铁、城际轨道和高速公路多种交通方式于一体的综合交通中心和换乘枢纽，实现泛珠三角、珠三角地区城市之间的有效衔接。与广州港、南沙自贸区一道在国家"一带一路"倡议、粤港澳大湾区建设、珠三角世界级机场群建设、新一轮对外开放大格局中发挥更大的作用。

案例分享5-1

南方航空中转住宿
服务条件及标准

案例分享5-2

白云机场行李
全流程跟踪系统

四、深圳宝安国际机场

深圳宝安国际机场位于珠江口东岸，机场距离深圳市区32公里，是中国境内集海、陆、空、铁联运为一体的现代化大型国际空港。也是中国境内第一个采用过境运输方式的国际机场。深圳宝安国际机场于1991年10月正式通航。通航以来，深圳机场坚持客货并举发展战略，航空客、货运业务持续保持快速增长。客运方面，在国内客运业务持续稳定增长的基础上，深圳机场加快国际航线网络布局，促进业务结构持续优化，2003年，旅客年吞吐量首次突破1000万人次，正式跨入全球百强机场行列。2007年，旅客年吞吐量突破2000万大关，跨入世界最繁忙机场行列。2013年，年旅客吞吐量突破3000万大关。2016年，年旅客量首次突破4000万人次大关。2019年，首次迈入5000万大关，达到5293万人次，全球排名跃居第26位，增速在全球前30大机场排名第二位。货运方面，深圳机场通过完善货运航线网络、优化货物通关环境，促进货运业务发展，2011年3月，深圳机场被世界权威货运杂志 *Air Cargo News*（《航空货运新闻》）授予全球"年度最佳货运机场"奖。2015年，深圳机场货邮吞吐量首次突破100万吨，正式迈入了货邮百万吨级机场行列。2019年，货邮吞吐量达到128万吨，全球排名第23位，增速在全球前30大机场排名第三位。

深圳机场拥有一流的硬件设施，目前共有飞行区面积770万平方米，航站楼面积45.1万平方米，机场货仓面积166万平方米。融合了建筑美学、绿色

节能和功能实用等元素的深圳机场新航站楼于 2013 年 11 月正式启用。新航站楼分为航站主楼、十字指廊候机厅、远期卫星指廊三个部分，共提供 62 个近机位和 14 个临近主体的远机位，可服务旅客吞吐量达 4500 万人次。深圳机场目前共有两条跑道，其中长 3800 米、宽 60 米的第二跑道于 2011 年正式投入使用。该跑道飞行等级为 4F，可以满足目前世界上最大型客机起降其中包括"空中巨无霸"——空客 A380 客机。

客货运业务发展良好，不仅增强了深圳机场核心竞争力，也提升了机场对区域经济发展的集聚带动能力。围绕服务区域经济发展和大空港建设，深圳机场积极探索发展临空经济，相继引入航空航天产业创新园、深圳机场凯悦酒店等配套设施和项目，空港区域也逐渐由复合交通枢纽向交通枢纽牵引、产业特色鲜明、城市功能完善的最具特色航空城转变，机场集团呈现出"客、货、城"三大版块协调发展的新格局。

图 5-3-5 建设中的深圳机场 T3 航站楼

国家"十三五"规划纲要明确了深圳机场国际航空枢纽的定位。深圳机场将立足珠三角世界级城市群，依托深圳"特区、湾区、自贸区"三区叠加的独特区位优势，坚持服务城市发展，坚持客货运并举，构建发达高效的"海陆空铁"综合交通运输体系，打造面向亚太、连接欧美的客货运输网络，将深圳机场建设成为珠三角世界级机场群重要的核心机场、"一带一路"倡议中更具辐射能力的重要国际航空枢纽。

五、新香港国际机场

新香港国际机场位于香港岛西侧的北大屿山，于 1998 年正式启用。它结束了原启德机场承载能力已经饱和的历史，增强了香港航空运输的吞吐能力，为香港航空业的发展提供了更广阔的空间。香港国际机场是通往中国内地的门户，是世界上最繁忙的货运枢纽，也是全球十大最繁忙客运机场之一。从香港国际机场出发，可于五小时内飞抵全球半数人口居住地。在 2019 年，香港国际机场的总客运量达 7150 万人次，总航空货运量共 480 万吨，全年起降航班 419795 架次。2020 年，受新冠疫情的影响，总客运量达 880 万人次，总航空货运量共 450 万吨，全年起降航班 160 666 架次，截至 2020 年，约 120 家航空公司在香港机场提供航班服务，连接全球约 200 个机场，包括 40 个中国大陆机场。

香港国际机场建有南北两条长 3800 米、宽 60 米的 4E 级标准跑道，最终设计能力可达每小时起降 60 架次的要求，基本可满足日益增加的航空交通需求。香港机场的最终目标是达到每年的客运量 8700 万人次，货物吞吐量达 900 万吨的设计能力。如今在香港国际机场有约 120 家国际航空公司每周提供定期客运及全货运航班，来往香港和遍布全球的约 200 个目的地之间，其中约 76% 的航班采用宽体喷气机。此外，还有每周约 31 架次不定期的客运和货运航机来往香港。香港机场客运廊及停机坪上设有 119 个客运停机位，而货运停机坪的停机位则有 55 个。西北客运廊的两个停机位也已改装，包括建设两度不同高度的登机桥，可供新一代大型飞机——空中客车 A380 停泊。此外，机场于 2005 年 10 月特别为小型客机设置了专用的 N20 登机桥，并于 2009 年启用了 10 个北面专为小型客机设计的远方停机坪。为配合未来航空交通量增长及巩固香港作为国际航空枢纽的竞争力，机场管理局将扩建香港国际机场成为三跑道系统。

同时，香港国际机场是现今交通最方便的机场之一。客运大楼宽敞，而且设计极为便利，令旅客倍感舒适。大楼布局简单明了，标志清楚明晰，并设有自动行人道和旅客捷运系统，方便旅客往来大楼。此外，大楼亦照顾到残疾人士的需要，为他们提供符合国际标准的设施。一套完善的交通运

图 5-3-6　香港国际机场一号客运大楼

输系统于机场启用时即已投入运作。这套系统包括一个与客运大楼同步设计的地面运输中心。香港国际机场先后逾 50 次获推举为"全球最佳机场"。

位于机场中心位置的航空交通管制大楼内置世界最先进的航空交通管制系统的核心设备。航管大楼内有约 370 名航空交通管制员及支援人员，提供 24 小时的航空交通管制服务，确保在香港飞行情报区内的航空交通既安全又具效率。指挥塔的管制员负责为机场内的飞机提供 24 小时交通管制服务。出于反恐考虑，在航管大楼的正常服务受到干扰的情况下，位于航管大楼以北的备用航空交通管制中心及指挥塔的备用设施可即时投入运作，以确保空港正常开放。

机场管理当局为维持新机场的业务增长，制定了"推力与拉力"策略，以加强机场与新拓展客货运市场的广泛联系，加强与中国内地迅速增长的市场，尤其是与珠江三角洲的联系，增设了往返于内地旅游车站及海天客运码头。新设施的相继启用，标志着香港与珠三角的关系将更加紧密。

每天开出约 550 班次定期跨境旅游车，旅客更可选乘更舒适快捷的"航天跨境轿车"直达珠三角目的地。

香港国际机场以科学、高效的管理，在 TTG 旅游大奖评比中，连续多年蝉联全球"最佳机场"称号，成为世界游客向往的最佳空港。同时香港国际机场自 1996 年起成为全球最繁忙的国际货运机场，2019 年在 *Air Cargo World*（《航空货运世界》）颁发的"航空货运卓越奖"，获得货运量逾 100 万吨组别的白金奖，以及 *Air Cargo News* 颁发的"2019 年货机枢纽"。2021 年 10 月，获 World Travel Awards（世界旅游大奖）颁发的"2021 亚洲最佳机场奖"。

思考与练习

1. 简述机场的概念及机场的分类。

2. 举例说明机场对区域经济的影响。

3. 机场由哪几部分组成？各部分的功能划分如何？

4. 比较我国主要大型航空港的规模和发展。

学习效果检测

扫描下方二维码，检测你的学习效果。

05

学习检测

实训与分享

以小组为单位，请分别选择感兴趣的中国或国外的两个机场进行研究，不限于网上搜集信息、实地考察、询问专业人士等，分析比较其机场定位、发展现状、特色服务等，请各调研小组把调研结果以PPT方式展示分享。

项目六
了解民航旅客运输

项目导读

　　在商务航空运输中，旅客运输有着举足轻重的作用。本项目主要从民航旅客运输的特点入手，介绍民航旅客运输的基本概念、相关术语、航线网络的构成、客票的种类尤其是电子客票的使用、值机及行李运输规定、特殊旅客服务等专业知识，以及与民航运输相关的国际组织和航空法的基础知识，我国三大航空集团以及航空运输保障集团等内容。

学习目标

　　知识目标：了解旅客运输的特点；理解和掌握航班、航班号、航线、班次、航班时刻表等概念和术语；了解航线网络的单元类型，熟悉客票的类型和区别；了解值机服务的程序和行李运输的常识；熟悉特殊旅客运输的分类和服务要求；了解国际民航组织与国际航空运输协会；了解国内三大航空运输集团和三大保障集团的情况。

　　技能目标：比较理解旅客运输与货物运输的异同；能运用相关的概念和术语进行案例分析；熟悉行李运输的概念和免费行李额的规定；比较电子客票与航空公司本票、BSP客票的异同；能针对特殊旅客的要求解决特殊旅客运输的问题；能区别国际民航组织与国际航空运输协会。

　　素质目标：培养良好的职业道德和认真负责的工作态度。

📄 案例导入

英国推行航空乘客约章

2022 年 7 月 18 日消息：英国政府周日推出《航空乘客约章》(*Aviation Passenger Charter*)，希望让旅客一站式知道由订机位、前往机场、乘飞机离开和返回英国等信息和乘客权利，以及在旅程中若遇上问题该怎么办。约章内容包括遇到航班取消或延误、遗失行李、因航班座位超售而被拒上机时的处理建议，以及乘客受到不公平对待时应如何投诉的指引等。

英国运输大臣 Grant Shapps 表示，早前机场的混乱情况令人不能接受，乘客的旅程若未如计划进行，应获适当赔偿。他形容《航空乘客约章》将有助于旅客在重获"旅行自由"时保持心境平静。

2020 年以来，新型冠状病毒感染程度反复无常，全球的航空运输业受到很大的影响。英国在新型冠状病毒疫情后，航空需求反弹，英国最繁忙的希思罗机场正疲于应对，更在上周二（12 日）宣布，实时起直至今年 9 月 11 日，将每天出发旅客上限定为 10 万人，盼借此控制排长龙、行李延误及航班取消等问题。

（资料来源：民航资源网，2022-07-18.）

任务一　了解民航旅客运输的特点和基础知识

一、民航旅客运输的特点

民航旅客运输是众多交通运输方式中的一种，它之所以存在并成为很重要的一种运输方式是因为有其自身的特点。与其他运输方式相比，航空运输业的特点主要表现如下：

（一）速度快

速度快是航空运输最大的优势和主要特点，这一特点是由飞机的发动机性能和空气动力学外形共同决定的。从 1903 年 "飞行者 I" 号诞生到今天大型民航运输机空客 380 飞机投入商业运行，在 100 多年的航空历史中，特别是在第一、第二次世界大战及之后的一段时期，军事航空工程技术及其相关科技迅速发展，高性能的军用机型不断更新，加快了民用航空飞机设计的发展，提高了飞机的飞行速度，使飞机与其他运输方式相比越发突出速度快的特点。

在发展初期采用往复式活塞汽油机的小型飞机，其时速只有 240~320 千米 / 小时，这一速度当今的高级汽车已经可以达到；二战中期，随着涡轮螺旋桨式发动机在飞机上的应用，飞机的时速上升为 460~750 千米 / 小时；二战后期，航空动力技术进一步发展，发明了装载涡轮喷气式航空发动机并应用在飞机上，使飞机时速得到进一步提升；进入 20 世纪 80 年代，以 B747 为代表的巨型宽体喷气机出现，其时速达到了 850~950 千米 / 小时。工程师没有放弃对超音速民航机设计的追求，由英法合作研制并生产的 "协和号"，其时速高达 2240 千米 / 小时（声速）以上，但由于噪声和高油耗等原因于 2003 年 6 月 15 日举行了最后一次告别蓝天的飞行。

航空运输速度快的特点尤其在长距离的洲际跨洋运输上表现得更为显著。航程越长，所能节约的时间也就越多，快速的特点也就越显著，这也是其他运输方式不可替代的。

（二）飞行路线短

飞机在浩瀚的天空中飞行，基本可以做到两点间直飞。由于现代民航机通常在万米高空飞行，因此不易受地表的复杂地形条件约束，尤其是在地面迂回曲折的山地地区，与陆路运输相比路线短的特点更为凸显。例如，在中国的云南和西藏地区，地形多以高原山地为主，多为盘山公路，加之雨雪等天气的影响，地面交通运输效率不高，公路运输要一天行程的运输如果采用航空运输则不到一个小时就可以完成。

（三）基建周期短、投资少

要在两点间建立航空运输联络，基本包括如下过程：在两个航点兴建机场；购买民航机；在航线上布置相应导航设施。这一点与公路和铁路等地面运输的需要不同，后者需要在路线的建设项目上投入大量资金，而且还需要根据地理情况差异考虑路线变动等因素，民航基建从立项到筹备开航的周期很短。但是说民航的投资少，可能读者会心存疑惑：建设机场往往都是百亿元，一架飞机都是数亿元，怎么说是投资少呢？但通过数字统计，航空运输的投资确实是最少的，特别是在山区或者长路线区间。而且由于民航的基础设施较为集中，其维护成本相对较低。

（四）灵活性大

飞机是民航旅客运输的载运工具，在两地之间只要有机场和必备的通信导航设施就可开辟航线。与其他运输方式相比较，它不受地面条件限制，构成运输网络十分灵活。民航运输的主要执行方式是班期飞行，也可根据旅客市场的周期性变化增加和减少航班，或针对特殊任务安排包机等形式的不定期飞行；可以在固定的航路上飞行，也可以在有导航能力的新航路上飞行；并且可以根据客货运量的大小和流向及时调整航线班次的多少和执行机型的大小。飞机是在广阔的蓝天中完成飞行，不像公路、铁路、水路等其他运输方式需要考虑地面山川湖泊的影响。如果排除恶劣天气、人为等影响因素，飞机可以飞到地球的任何一个角落，这是其他运输方式不可比拟的，是各种运输方式中最灵活的。特别是在最危急的时刻，如紧急医疗救护、地震减灾、洪水灾难时都是航空救援发挥作用最大的时候，这是航空运输灵活性大的最好证明。

（五）舒适、安全

民用航空运输飞机往往飞行在 1 万米以上高空，这个区域为大气的平流层，其特点是空气水平运动，云雨等现象基本绝迹。20 世纪 70 年代出现的大型宽体民航机，其客舱宽敞，噪声小，机内设有高级影音娱乐设施，空中旅行舒适程度极大提升，加之民航地面和空中服务整体水平的全面提升，乘坐飞机出行在变得大众化的同时也提供了高级奢华的空中体验。值得一提的是空中客

车公司研制并于 2007 年年底交付各航空公司使用的 A380 飞机可以做到环球不经停飞行。由于飞机机身宽阔，空间巨大，如果航空公司要求，基本可以提供所有地面上的娱乐设施，为长时间的空中旅行提供舒适感觉。

民航旅客运输是最安全的旅客运输方式。由于航空技术的发展，航空运输的安全性高于铁路、海运，更高于公路运输。只有在军用飞机上最成熟的技术才会被应用到民航飞机上，民航飞机可以在失去一般动力的情况下完成正常降落，甚至在失去所有动力的时候滑翔着陆。民航飞机的适航和定检机制确保了其安全可靠地执行任务；进入飞行区的工作人员和旅客都需要通过严格的安全检查等措施，从而保障了民航旅客运输的安全。根据国际民航组织统计，世界民航定期航班飞机失事，已由 1966 年每亿客公里死亡 0.44 人，下降到 0.04 人。随着航空技术的发展，民航旅客运输的安全性正在不断提高。

（六）载运量小、营运成本高

由于飞机要克服地球引力离地飞行，这就决定了其自重和商务业载量不会太大，即使现代大型宽体飞机的业载也仅有 100 吨左右。载运量小主要是由飞机的动力和结构性能所决定的，尤其和火车、轮船相比差距更为明显。但是随着民用飞机制造技术的不断发展，飞机的载运量也在不断提升，最新的 A380 飞机已经可以达到一次性运输 550~800 名旅客的能力。

营运成本高也是民航旅客运输的重要特点。成本高主要来自以下四个方面：①大型民航机价格昂贵，折旧费用较高；②为保障飞机正常运营，航空公司在储备航材方面需要占用大量资金；③随着原油价格高位运行，航空煤油使用成本较高；④为了保障安全飞行，机场和航空公司所投入的安保资源也高于其他运输方式。以上种种因素共同决定了民航运输是一个资本密集型行业，因此与其他运输方式相比较，民航旅客运输的价格相对较高。

（七）在一定程度上受天气条件的限制

现代民航飞机已经可以做到全天候飞行，但是出于对旅客安全的考虑，在不太适合的天气状况下是不允许飞行的，在一定程度上受天气条件的限制。大雾、雷雨、风暴、跑道积雪、结冰、低云、低能见度等都是危及飞行安全的

案例分享 6-1

命悬一线"多伦多"
的奇迹

恶劣天气。加之飞行是在长距离的高空中完成，飞机经过的路线或机场上空可能出现的雷暴、雷雨云、台风、龙卷风、强烈颠簸以及低云、低能见度乃至机场跑道积雪结冰等恶劣天气，都有可能对飞机结构、通信导航设备以及飞机安全起降构成直接威胁。

二、民航旅客运输基础知识

（一）航线

航线是指经过有关部门批准开辟的连接两个或几个地点的航空交通线。航线的确定明确了飞机飞行的具体方向、起讫与经停地点，并根据空中交通管制的需要，规定了航线的宽度和飞行高度。

根据我国相关规则规定，我国的航线按照起讫地点、经停地点的归属不同分为国际航线、国内航线和地区航线三种。其定义分别是：飞机飞行的线路起讫点、经停点均在中国境内的称为国内航线；飞机飞行的路线跨越中国国境，通达其他国家的航线称为国际航线；连接中国内地各城市与中国香港、澳门、台湾之间的航空运输线称为地区航线。

国内航线又可分为国内干线和国内支线。国内干线是指旅客乘坐可以提供100以上的座位数的飞机；国内支线是指旅客乘坐可以提供100以下的座位数的飞机。

（二）飞行方式

民航旅客运输是通过定期飞行和不定期飞行两种基本方式来完成的。定期飞行包括班期飞行、加班飞行和补班飞行；不定期飞行包括但不仅限于专机飞行和包机飞行。

1. 定期飞行

定期飞行又称班期飞行，是根据班期时刻表，按照规定的航线，定机型、定日期、定时刻的旅客运输方式，是民航运输生产的基本形式。在我国每年有90%以上的运输任务是通过定期飞行完成的。加班飞行则是根据临时性的需要，如春节、黄金周等客流激增情况下，在班期飞行以外增加的飞行，是对班

期飞行的有益补充。补班飞行是指航班取消以后，在后续的时间或者第二天安排的飞行任务。

2. 不定期飞行

不定期飞行包括但不仅限于包机飞行，相关包机单位同航空公司签署包机协议，租用航空公司的确定型号的民航飞机，用以载运旅客、货物或客货兼载的运输形式，总费用通常包括：包机费、调机费和留机费。承担运送我国党、政领导人和外国国家元首或重要外宾的包机称为专机，我国国家领导人出访均乘坐由中国国际航空公司提供的专机。

（三）班期时刻表

为了方便旅客出行安排，在中国民航局的领导下，将各航空公司的航线、航班及其班期和时刻等资料，按一定的顺序汇编成册，称为班期时刻表。班期时刻表是航空运输企业组织日常运输生产的重要依据，也是航空公司向社会各界和世界各地用户介绍航班飞行情况的一种业务宣传资料。

由于民航旅客运输客流的季节性差异明显，为了适应市场的变化，我国相关业务部门每年编制两次班期时刻表：夏秋班期时刻表，每年3月份最后一个星期日开始使用；冬春班期时刻表，每年10月份最后一个星期日开始使用。两期时刻表共同构成了我国民航运输总体框架，但是由于各航空公司的特殊情况，也会对相应的班期时刻做出一定的微调。

（四）航班

根据班期时刻表，飞机由始发站起飞，按照规定的航线并经过确定的经停站至终点站或直接到达终点站作运输生产飞行称为航班。

航班分为去程航班和回程航班。从基地出发的飞行为去程航班，返回基地的飞行为回程航班。

（五）班次

班次是指航班在单位时间内飞行的次数，通常以一周为标准来计算飞行的班次，班次是根据运量的需要和运输的能力确定的。在某条航线或某个机场的航空公司的班次数量，标志着该航空公司的市场占有率。

（六）航班号

航班号是为便于航空公司组织运输生产和管理，每个航班都按一定规律赋予不同的号码以便于区别。

1. 国内航班号的编排规则

国内航班编号一般是由执行航班任务的航空公司的两字英文代码和四个阿拉伯数字组成。第一个数字表示执行该航班任务的航空公司的数字代码，第二个数字表示该航班的终点站所属的管理局或航空公司所在地的数字代码，第三、第四个数字表示该航班的具体编号。其中第四个数字为单数时表示为去程航班，双数时为回程航班。例如：MU5101 航班为上海虹桥—北京，MU5102航班为北京—上海虹桥。

由于飞机数量和航空公司的增多，航班也相应增多，造成航空公司在编排国内航班号时四位数字不够用，因此目前各航空公司的编排并没有完全按照以上规则操作。

2. 国际和地区航班号的编排规则

国际和地区航班编号一般是由执行航班任务的航空公司的两字英文代码和三个阿拉伯数字组成。第一个数字表示执行航班任务的航空公司的数字代码，国航沿用"9"代表国际或地区航班。第二、第三个数字表示航班的序号。其中第三个数字为单数时表示为去程航班，双数为回程航班。例如：MU501航班为上海—香港，MU502 航班为香港—上海；CA949 航班为北京—巴黎，CA950 航班为巴黎—北京。

3. 代码共享（Code Share）

代码共享是 20 世纪 80 年代末出现的概念，给国际航空运输联运带来了革命性变革。代码共享最早出现在美国，为了确保稳定客源，经营美国国内干线的航空公司与支线航空公司签署协议，彼此共同使用对方的航班号进行销售，这样就扩充了彼此的航班数量和飞行航点。代码共享最基本的概念是，旅客在全程旅行中有一段航程或全段航程是出票航空

案例分享 6-2

"代码共享"航班
如何信息共享

公司航班号但非出票航空公司承运的航班。在代码共享的操作中，具体可以分为两种情况：①完全代码共享，指共享航空公司和承运航空公司用各自的航班

号共同销售同一航班，而不限制各自的座位数。②包座代码共享，指共享航空公司和承运航空公司达成合作协议，购买承运航空公司某一航班的固定座位数，共享航空公司只能在此范围内用自己的航班号进行销售。包座代码共享又根据所包座位能否在一定期限之前归还承运航空公司，分为锁定包座和灵活包座代码共享。

当今，在全球已形成了几个以代码共享为基础的航空联盟，影响范围较广的有寰宇一家、星空联盟、天合联盟，中国三大航空公司分别加入了这三大联盟。代码共享策略也应用在国内航线战略规划上，例如，在北京—上海航线上，上海航空公司和中国国际航空公司实行代码共享，来提高彼此的市场占有率，共同对抗在该航线占绝对优势的中国东方航空公司。

三、航线网络的分类及特点

航线网络是否合理是衡量一个国家民航运输发达程度的重要因素，同时也是判断一个航空公司运营效率的重要依据。每个航空公司都希望自己拥有最有效率的航线网络。当今全球主流的航线网络结构划分如下：

（一）城市对式

城市对式是最简单的网络结构，对于旅客来讲这种结构是最省时方便的形式。旅客只需要一次登机就可以到达自己的目的地，但是这种结构需要航空公司提供更多的飞机来执行任务，而且在一些中小城市之间对飞没有办法保障有充足的客源，这给航空公司的经营带来压力。城市对式结构是民航航线网络结构的最初阶段，我国大部分航线属于此类。

（二）城市串式

城市串式结构的特点是一条航线由若干航段组成，航班在途中经停获得补充的客源，以弥补起止航站之间的运量不足。城市串式结构可以简单理解为两个或多个城市对式构成的，可以在某种程度上弥补简单航线网络形式的不足。

（三）中枢辐射式

中枢辐射式航线网络结构是目前最先进的结构，它以大城市为中心，大城市之间建立点对点的干线航线，用大型宽体民航机来执行，同时以支线航线形式由大城市辐射至附近各中小城市，用小型的支线民航机来执行，以达到汇集和疏散旅客与货物的目的。这种结构既可以使大城市之间旅客人数增加，从而提高航班密度方便旅客出行，又可以提高中小城市的飞机上座率从而降低运行成本。这种航线网络结构的优点是能够节省大量资金，将有限的资金集中于大型中心骨干机场的建设，促使现有运力发挥最大效率，提高航班密度和客座利用率，提高中心机场的利用率。然而这种网络势必增加旅客中转次数，给旅客旅行带来一些不便，但从航空公司成本和旅客出行方便的双重角度来看，中枢辐射式是目前最好的解决方案。目前全球旅客运输量最大的空港美国亚特兰大机场就是全美东部地区的中枢机场。广州白云国际机场是我国第一个以中枢机场理念设计并建造的机场，我国民航管理部门和各航空公司也在逐步整合各自资源，建设自己的中枢辐射式航线网络结构。

知识拓展 6-1

中国民航局将创新
"干支通、全网联"
服务模式

任务二　了解民航旅客运输业务

一、民航旅客运输流程

根据民航旅客运输的不同要求，民航旅客运输可以分为国内旅客运输和国际旅客运输，下面以旅行程序为基础分别做简要介绍。

（一）国内旅客的航空旅行程序

1.购票

旅客凭有效身份证明可以在航空公司直属售票处、航空公司官网、航空

公司呼叫中心、手机 APP、第三方网络购票平台或者代理售票处等购买机票，作为乘机旅行的凭证。

2. 办理乘机和托运行李手续

旅客来到机场国内出发大厅，提供有效身份证明，在机场的人工值机柜台或自助值机终端办理座位确定及行李托运手续，取得登机牌。也可以通过手机 APP 办理电子登机牌，或者在网上直接打印登机牌，然后按航空公司规定的时间到人工柜台办理行李托运手续。

3. 安全检查

为了确保飞行安全，避免不法分子威胁乘客安全，机场都设有隔离区域，进入隔离区必须通过安全检查，这一过程由驻场安检员完成，以确定旅客没有携带危害航空安全的物品进入隔离区。

4. 候机

旅客持有盖有国内安检章的登机牌到国内候机大厅休息等候登机广播。为了方便旅客，候机厅提供购物、娱乐、休闲等设施。

5. 登机

当登机时间到来，旅客排队在登机牌上标明的指定登机口登机。在登机闸口，由地勤人员负责核实登机牌数目和登机旅客人数，并引导旅客登机，旅客按照登机牌上指定的座位对号入座。如果有特殊旅客，应安排优先登机。

6. 乘机旅行

这是民航旅客运输的实现环节。根据服务等级和航程要求，由空中乘务人员为旅客提供客舱安全指导和多样化的餐饮服务。

7. 下机、领取行李

飞机安全着陆后，空中乘务人员组织旅客有秩序下机。如有重要旅客要优先安排下机；如有特殊旅客，空乘和地勤人员要协助其最后下机；有托运行李的旅客可根据相关指示在指定航班行李提取处提取行李，在检查无误后离开机场到达区。

8. 离开机场

我国境内各机场均提供便捷的机场至市区的运输服务。

以上为国内旅客民航运输的一般流程。但由于各机场规模和硬件设施的差异，以上某些步骤可能会有相应简化或合并。

（二）国际旅客的航空旅行程序

1. 护照和签证

在进行国际旅客运输时要求旅客取得本国的有效护照及目的地国和过境国的有效签证，这是进行国际航空旅行的必备条件。护照是一个国家的公民出入本国国境和到国外旅行或居留时，由本国发给的一种证明该公民国籍和身份的合法证件。签证是一个国家的出入境管理机构（例如移民局或其驻外使领馆），对外国公民表示批准入境所签发的一种文件。

2. 航程设计和购票

国际旅行的运价计算十分复杂，在满足旅客要求的条件下为旅客合理安排旅行路线，力争使用最低廉的票价满足旅客需要。确定旅行路线后，要查询相关航程票价和所涉及的各国税费。这一步是国际旅客运输最复杂和关键的一环。

3. 办理乘机和托运行李手续

旅客来到机场国际出发大厅，提供有效护照、签证，在旅客机票上预订的航段所列明的承运航空公司的值机柜台或其指定代理的柜台办理座位确定及行李托运手续，取得登机牌。

4. 海关和卫检

国际旅行涉及出入境，按照始发国的相关要求，需要对旅客携带的行李和现金等项目进行检查，确定其不违反规定。卫生检查检疫部门确定旅客的健康情况符合目的国的要求。

5. 安检和边检

国际安检和国内安检要求及流程相似。"9·11"事件发生后，各国对安全检查要求日益严格。边防检查由公安部出入境管理司负责，核查旅客旅行文件的真伪，统计我国出境人员数量和去向。按照国际司法规定，旅客通过边检后就已经离开国境。

6. 候机

旅客持有盖有国际安检章的登机牌到国际候机大厅休息等候登机广播。国际候机区为公共管理区域，除了购物和娱乐设施外，还设有免税商店，供旅客购买一定数量的国际免税商品。

7. 登机

当登机时间到来，旅客在登机牌上标明的指定登机口排队登机。在登机闸口，由地勤人员负责核实登机牌数目和登机旅客人数，并引导旅客登机。如果有特殊旅客，应安排优先登机。

8. 乘机旅行

各航空公司都在其运营的国际航线上选派了最优秀的机组团队，他们往往是其最高服务水平的代表。

9. 下机

飞机安全着陆后，组织旅客有秩序下机。如有重要旅客要优先安排下机；如有特殊旅客，空乘和地勤人员要协助其最后下机。

10. 通过移民关卡

旅客下机后根据指示牌引导前往移民关卡，出示护照、签证等相关旅行文件；移民局官员确定上述文件真实无误后放行。通过移民关卡后，标志着旅客已经进入目的国国境。

11. 领取行李、过海关通道

入境手续完毕后，有托运行李的旅客可根据相关指示在指定航班行李提取处提取行李。各国都规定了一定限度的物品是免税的，如有超出部分，要加收额外的关税。

12. 离开机场

各国机场均提供便捷的机场至市区的运输服务，包括的士、巴士、轨道运输等方式。

二、民航旅客运输产品设计

民航旅客运输的产品就是航空公司运营的各条航线以及班次密度。民航运输属于第三产业，其产品的生产和消费是同时进行的，因此设计什么样的航空产品以适应市场需求是航空公司工作的重要环节。

决定航空产品质量的重要因素主要有以下两个：

（一）航空公司拥有的硬件设备

"巧妇难为无米之炊"，即使航空公司航线条数再多，想法再富有创新色彩，如果它所拥有的飞机数量不足，也将无法满足新增航线的需求；如果航空公司的机型较老，不能为旅客提供全新的空中体验娱乐设施，要想为旅客提供舒适满意的旅行就可能只是空想。因此，在资金允许的条件下，航空公司应及时更新机型和机载设备，使硬件设施可以满足产品设计所提出的要求，为旅客提供更加轻松、舒适的客舱服务。

全球最成功的典范就是新加坡航空公司（SQ），它在行业中总是率先采用先进的机型、先进的硬件设施和先进的技术。1989年，作为飞机项目启动商之一的新加坡航空公司成为全球第一家使用波音B747-400大型宽体客机飞越太平洋航线的航空公司。同时，新加坡航空公司也是空客A380大型宽体客机的项目启动商，首架带有新航标志的A380飞机于2007年10月28日开始投入商业运营。新航的机队也是全球各航空公司中机龄较小的，除了注重新机型的引进，新航还花费巨资改进机上设备，并于2005年3月率先推出旨在向舱内的所有乘客提供实时、高速和安全的互联网连接服务。旅客在飞机上可以使用无线笔记本电脑方便地收发电子邮件，实时连接公司的虚拟专用网络。2005年6月，新航又成功实现了全球电视直播，并因此成为全球首家在国际航班上引入全球直播电视的航空公司。此外，新航乘客还可通过新加坡航空公司开发的银刃世界飞行娱乐系统，选择多达500多个娱乐和信息节目，其中包括60部电影（其中有许多最新上映的大片和经典影片）、100个电视节目、220个唱片专辑、音频图书以及85款最新的视频游戏。这一切措施都致力于使旅客在飞机上能体验到更周到的服务，消除长时间旅行的乏味感。

（二）优质高效的机组和地面服务团队

民航旅客运输是一个多工种共同配合、共同实施的服务。光有高级的硬件设备是远远不够的，还需要所有保障部门的高效配合和优质服务。航空服务一直以来就是服务性行业的最高水平标准的代表，空乘式服务是各服务行业所追求的目标。驾驶技术高超的飞行员队伍是航空公司安全运营的关键；高效周到的地勤队伍是确保航班正点起飞的保障；耐心细致的空中乘务队伍是提升航空

服务水平的核心。各航空公司不仅在硬件设施上下足功夫，而且在员工的服务态度、服务质量等软件的培养上也花费不少力气。

仍然以新加坡航空公司为例，新航乘务人员的服务被公认为世界一流水平，她们是新航品牌无穷内涵的缩影。身着巴黎著名服装大师皮耶巴曼设计、采用蜡染布料制作的沙龙制服的新航乘务人员所展现的亲切服务，不但呈现了新航致力于提供无微不至高品质服务的理念，也充分体现了亚洲热情待客之道的优良传统。她们不仅在客舱服务方面训练有素，更强调对于幼儿、年长乘客以及残障人士的特别服务，此外，对各项安全程序亦经过完整而专业的训练。

三、民航客票销售基础知识

客票是客票上所列承运人和旅客之间签订的航空运输合同，是旅客办理乘机手续和托运行李的凭证，航空公司之间运费结算的依据。广泛使用的电子客票其客票的性质并没有发生改变。

（一）客票的作用

对于旅客而言，客票表明他在所选择的航班上已经拥有一个座位，但具体座位的确定是值机工作的内容，客票也是旅客办理乘机手续、托运行李的凭证。

对于航空公司而言，客票是航空公司之间以及航空公司与代理人之间进行结算的依据。

（二）客票的使用

客票为旅客运输的有效凭证，有严格的使用规定：

（1）客票为记名式，只限客票上所列姓名的旅客本人使用，不得转让。

（2）旅客必须按照客票上所列明的航班办理登机手续。

（3）客票的乘机联必须按照客票上所列明的航程，从始发站开始顺序使用。

（4）每一乘机联上必须列明舱位等级，并在航班上订妥座位和日期后方可由承运人接受运输。

（5）旅客应在客票有效期内完成客票上列明的全部航程。

（6）含有国内航段的国际联程客票，其国内航班的乘机联可直接使用，不需换成国内客票。

（7）定期客票只适用于客票上所列明的乘机日期的航班。

（三）客票的有效期

（1）普通客票的有效期自旅行开始之日的次日零时算起一年内运输有效；如果客票全部未使用，则从填开客票之日的次日零时算起，一年内运输有效。

（2）特殊客票的有效期，按照承运人规定的特殊票价的销售政策规定来计算。

（3）不定期客票的有效期从填开客票之日的次日零时算起，一年内运输有效。

（四）客票的销售方式

目前，航空机票销售主要存在航空公司直销和代理人分销两种渠道。基于电子客票工具利用互联网技术形成了一系列航空客票销售模式：

（1）以航空公司为代表的 B2B（Business to Business）、B2C（Business to Customer）直销模式。B2B 是由代理人的销售平台代理销售航空公司的客票，代理人直接与航空公司发生结算关系，航空公司需要支付代理人一定的代理费；B2C 是指在航空公司官方网站上销售客票，由旅客直接向航空公司支付购买，航空公司无须支付代理费。

（2）以携程、艺龙等为代表的 OTA（Online Travel Agency）分销模式。

（3）以票盟、51BOOK 等为代表的竞价平台模式。

（4）以去哪儿网、酷讯网等为代表的垂直搜索引擎模式。

（5）以淘宝网为代表的 C2C（Consumer to Consumer）直销模式。C2C 是与第三方销售平台的合作，吸引不同的代理商和航空公司的入驻，把互联网上的机票信息汇聚到一起，给消费者搭建一个快速寻找所需机票信息的平台，在保证服务质量的同时降低了运营成本，从而使机票价格比其他网站更低。

这些新型的营销模式都无一例外向传统机票代理商的关系营销模式发起了挑战。有些代理商与时俱进，参与并构建起了自己的新渠道，积极加入前面提

到的（2）、（3）和（4）三种模式中来。事实上竞价平台模式、垂直搜索引擎模式、C2C 直销模式的产品提供方大多是传统机票代理商，但是他们需要支付给信息技术提供商使用费。渠道的多样化和竞争的加剧带来了航空客运产品最终提供方，即航空公司，对市场的控制力的显著提升，降低代理佣金费率是其对市场主导实力信心体现的行动。传统机票代理商陷入商业模式增长困局已是业内不争的事实。

四、电子客票基础知识

（一）世界民航客运的新时代——电子客票

1993 年世界上第一张民航电子客票诞生于当今最大的航空运输市场——美国。电子客票彻底颠覆了传统销售模式在民航产品营销中的主导地位。这种全新的、依托于计算机终端、INTERNET 和全球分销系统的新的商务运行模式，在短短几年间已形成航空运输销售的全新潮流。特别是 2001 年以来，全世界已陆续有 40 多家骨干航空公司和 58 个 BSP 机构开始使用电子客票。在北美市场，电子客票的销售已达到可提供座位总量的 80% 以上。在油价高位运行、运力相对过剩和市场竞争激烈的大环境下，越来越多的航空公司已经开始认识到电子客票的推广和使用将是其降低运营成本、规避运作风险、简化商务流程和提高效率的最佳选择。国际航空运输协会（IATA）已经把在全球范围内推广、普及电子客票的使用技术作为其近期工作的主要内容加以实施。总之，电子客票是 20 世纪留给世界民航业最好的创新和发明。

（二）电子客票及其优势

电子客票从字面上分析由"电子"和"客票"组成。"客票"说明它的实质内容仍然是机票，拥有原有纸质机票的所有内容并能完成它的一切功能；"电子"说明它的形式是电子化的，它的载体不是原来的印刷纸而是一种电子影像，对客票的一切操作都是通过输入系统对相应电子文件的处理来实现。归根结底，电子客票就是普通纸质机票的一种电子数据记录。

电子客票之所以能高效地进行销售、值机、结算等旅客运输各环节，是因为它依托订座、离港、结算三大系统的数据交换，通过电子数据的传输、交换和处理，实现无纸化、电子化的订票、结账和办理乘机手续等全过程。对航空公司而言，电子客票可以免去纸质客票的印刷、运输、保管和回收等成本支出；传统的纸质机票的票据转变为电子化数据流，在完成与纸票相同的功能，执行出票、作废和退票等操作的同时，又没有纸票遗失或被冒用的风险；电子客票提高了 B2B、B2C 的营销能力，从而增强了对销售渠道的控制力；客票处理效率提高，人为出错概率减少，从而提升了整体服务水平；此外，电子客票所有的销售、离港和结算数据全部安全地存储在电子客票数据库中，航空公司可以通过计算机及时、清晰、准确地掌握相关信息，有利于提高航空公司整体的管理水平。对旅客而言，电子客票免去了亲自购票的麻烦，通过电话、互联网和电子支付等技术的支持，旅客足不出户即可自助完成订购机票，节省了购票时间；电子客票规避了传统纸质机票的丢失风险，彻底免除了旅客因客票遗失而无法正常乘机的问题，旅客只需凭有效身份证件即可办理乘机手续；另外，电子客票也支持异地订购机票，方便了旅客安排行程。

（三）电子客票的性质

（1）电子客票和纸质客票只是信息的载体发生变化，其客票的根本性质没有任何改变，电子客票的信息依然是以纸质客票为基础，电子客票是纸质客票的一个电子影像。

（2）电子客票是由航空公司或代理人销售的，是一种不通过纸票来实现客票销售、旅客运输以及相关服务的有价凭证。

（3）电子客票的用途与普通纸质客票相同，所不同的是电子客票中的所有数据，如航程、运价、舱位等级、支付方式和税费等信息均以数据的形式存储在出票航空公司的电子记录中，以电子数据交换替代纸票单证交换。

（4）确认生效的承运人是对电子出票业务管理和授权的单位，即出票航空公司，它有权在征得旅客同意的情况下将旅客签转给其他航空公司，把旅客的有效电子数据传输到相应数据库即可。出票航空公司以电子数据形式追踪一个旅客运输的全过程。

（四）航空运输电子客票行程单

电子客票其实是没有任何凭证的，旅客只凭借一个电子客票的记录号码和有效身份证件即可到机场值机柜台换取登机牌。那么什么是"航空运输电子客票行程单"呢？这要从我国的财会制度要求说起。电子客票在我国推广初始效果不佳，其症结在报销凭证上，原来纸质客票的旅客联是作为会计报销凭证使用的，而完全的电子化使旅客没有任何凭证作为其乘机的证明，电子客票也就无法进入高端公务、政务运输市场。

为了打破瓶颈，财政部和税务总局推出航空运输电子客票暂时使用"航空运输电子客票行程单"（以下简称"行程单"）（见图6-2-1）作为旅客购买电子客票的付款凭证或报销凭证的政策，自2006年6月1日起试行，试行期为两年。行程单采用一人一单，不作为机场办理乘机手续和安全检查的必要凭证使用。2008年国家税务总局和中国民用航空局联合颁布了《航空运输电子客票行程单管理办法（暂行）》（以下简称《办法》）。随着该《办法》的实施，新版"航空运输电子客票行程单"（见图6-2-2）于2008年7月1日启用，取代旧版的"行程单"作为旅客购买电子客票的付款凭证和报销凭证。新版"行程单"使用防伪水印纸印制，防伪纸采用"SW"和"MH"组合字样的水印图案，并套印国家税务总局监制章，取代了原来"行程单"上"国家税务总局监制"字样，进一步突出了其发票属性。

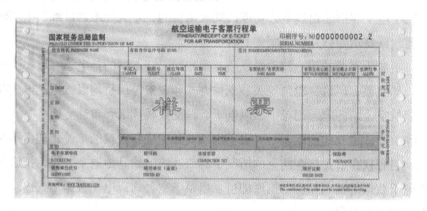

图 6-2-1　2006 年推出的航空运输电子客票行程单

图 6-2-2 2008 年推出的航空运输电子客票行程单

（五）电子客票在中国

2001 年中国南方航空公司在全国首家推出电子客票，之后国航、东航、深航等航空公司也陆续推出自己的电子客票。电子客票在推广初期并不顺利，除了之前提到的财会瓶颈外，消费者的传统消费惯性和安全支付方式也是制约大规模推广的两个难题。目前，在大多数消费者眼中，机票仍然是一种高价值商品，支付了上千元的票款就获得一串数字而且无须任何支付凭证，这让人在心理上无法接受，这种传统的消费惯性只有通过不断地尝试新产品消费才能改变。电子客票的便利性就在于它的网络支付功能，消费者足不出户就可以完成机票购买，但是中国网络安全问题和银行网络金融产品的开发滞后，使电子机票票款的安全方便的支付质量成为制约其发展的瓶颈。

虽然困难重重，但是推广电子机票以服务中国民航的大方向始终没有改变。在众多国内航空公司纷纷推广自己的电子客票的同时，国际航空运输协会北京办事处也加紧了对 BSP 电子客票的全国推广，并制订了实施时间表：2006 年 10 月 16 日开始不发纸质 BSP 中性客票给销售代理人；2007 年 1 月 1 日起全面停止 BSP 国内中性客票的使用；2008 年 1 月 1 日起全面停止 BSP 国际中性客票的使用。

电子机票的出现顺应了信息时代的市场需求，已成为航空旅行电子商务化的重要标志之一。电子客票作为世界上最先进的机票形式，依托现代信息技术，实现无纸化、电子化的订票、结账和办理乘机手续等全过程，给旅客带来诸多便利以及为航空公司降低成本。

电子客票票样见图 6-2-3。

```
ISSUED BY:HAINAN AIRLINES    ORG/DST:SIA/HAK                    BSP-D
E/R:
TOUR CODE:
PASSENGER: 王明
EXCH:
                              CONJ TKT:
O FM:1XIY HU    3068    Y 18OCT 2100 OK Y           20K OPEN FOR USE
        RL:BQH5E    /R6D03 1E
    TO: HAK
FC 16OCT20XIY HU HAK1730.00CNY1730.00END
FARE:          CNY 1730.00|POP: CASH(CNY)
TAX:           CNY 50.00CN|OI:
TAX:           CNY 80.00YQ|
TOTAL:         CNY 1820.00|TKTN: 880-5440202032
```

图 6-2-3 电子客票票样

五、值机与行李运输

（一）值机服务基础知识

值机是为旅客办理乘机手续、接收旅客托运行李，引导旅客上下飞机等旅客服务工作的总称。一般来说，值机地点在机场，由各航空公司的地面服务保障部门为旅客提供相应服务，或者由旅客在机场航站楼内的航空公司或机场设立的自助值机柜台办理，其中办理乘机手续是其核心工作，主要内容是：办理乘机手续前的准备工作，查验客票、安排座位、收运行李及旅客运输服务和旅客运输不正常情况的处理等。

下面我们简单了解一下办理乘机手续工作的各环节。

1. 值机准备工作

（1）收集相关的航班信息和运输信息

要求值机员查阅当天航班预报，了解执行航班的机型、注册号、舱位布局、计划离站时间、执行航线、经停点和终点站等航班基础信息。通过计算机离港系统，调出相关资料了解该航班的销售座位数、旅客登机和配餐情况以及重要旅客及特殊旅客服务要求，并通知相关部门落实。

（2）收集航班客运电报

更改值机柜台上方显示所办的航班号、目的地等内容的公告牌（指定值机柜台）；按照销售预报订座旅客人数和平常行李流量准备值机所需行李牌；备齐办理值机时所需的头等舱休息卡、行李标贴、免除责任行李牌、更改标志及逾重行李收费通知单等单据；检查磅秤和行李输送带的运转情况。

2. 值机柜台分类

一般大型机场为了提高其运行效率，往往把值机柜台分为如下五类：普通值机柜台，无行李交运柜台，随到随办柜台，头等舱、公务舱柜台，特殊服务柜台。不同的值机柜台要求也不尽相同，在这里就不做具体介绍。总之值机员应按时开放、关闭值机柜台，按规定接受旅客出具的客票，快速、准确地为旅客办理乘机手续，检查客票的合法性、有效性、真实性。

3. 值机的座位安排原则

（1）要求旅客按座位号对号入座；

（2）在符合飞机载重平衡的条件下，尽量按照旅客要求安排座位；

（3）安排重要旅客在最前排的座位就座或按旅客要求安排；

（4）安排特殊旅客在靠近客舱服务员的座位或靠近舱口座位就座；

（5）如经济舱超售或换机型，在高等级舱有空余座位情况下，经值机主任同意，可按逐级提高等级的原则安排旅客免费升舱；

（6）团体旅客、同一家庭成员或需要互相照顾的旅客，如病人及其陪伴人员等，应尽量安排在一起；

（7）不同政治态度或不同宗教信仰的旅客不要安排在一起；

（8）儿童旅客、病伤旅客不要安排在紧急出口处；

（9）国际航班在国内航段载运旅客时，国际、国内旅客分别集中安排；

（10）经停站有重要旅客、特殊旅客时，事先应通知始发站留妥合适的座位。

4. 值机业务发展的趋势

随着国际航空运输市场的进一步打开，电子客票、电子商务系统以及智能设备的普及，值机业务的新模式也不断出现。通用自助值机、网上自助值机、条形码或二维码等图形值机、刷脸值机等业务方式引发人们更多的关注。

（1）开放式值机：相对于专属值机柜台，不需要旅客在特定的时间到指定的柜台办理乘机手续，可以在相关航空公司或代理人的任意柜台随到随办，增大了旅客办理乘机手续的灵活性，减少了旅客等候的时间。

（2）城市值机：又称异地值机，是指无须在机场候机厅内办理乘机手续和托运行李，而是通过在市区或者在没有机场的城市开设的异地候机楼值机柜台办理乘机和行李托运的业务模式。城市值机拓展了民航机场的服务半径，打破了原有机场的空间界限，更加方便旅客的出行，也拓展了机场的业务范围。

（3）机场自助值机：旅客到达机场后，无须到出发大厅的人工值机柜台办理乘机手续，而是到航空公司专属或机场通用的 ATM 机自行办理机上座位选择、打印登机牌、托运行李、常旅客积分录入等服务。

（4）网上自助值机：指购买客票的旅客，可以登录航空公司的官网进入值机页面，自行在线办理座位选择、常旅客积分录入等服务。如果有行李托运，旅客必须按照航空公司规定的时间提前到机场人工或者自助行李托运柜台办理行李托运；没有行李托运的旅客也必须在规定的时间到达登机口，以免错失航班。

（5）手机自助值机：购买了客票的旅客，在航班起飞前可以根据航空公司发来的手机自助值机信息完成座位选择等服务，系统会自动将手机登机牌以短信或者图形的形式发到旅客手机上，旅客到达机场以后可以自行打印登机牌，或者直接凭手机登机牌和有效身份证明办理行李托运手续，以及到专属安检通道完成相关手续。随着智能手机及相关设备的功能日益强大和完善，手机自助值机会是旅客出行的首选。

知识拓展 6-2

大兴机场自助设备覆盖率达八成，值机排队不超 10 分钟

（二）行李运输基础知识

行李运输是旅客运输工作的重要组成部分，其好坏直接影响飞行安全、航班正常和服务质量。

1. 行李的定义及分类

行李（BAGGAGE）是指旅客在旅行中为了穿着、使用、舒适或者便利而携带的必要或者适量的物品和其他个人财物。根据相关文件规定，行李可以分为两大类：

案例分享 6-3

天上掉"馅饼"

（1）托运行李（Checked Baggage）

托运行李是指旅客交由承运人负责照管和运输的行李。托运行李放置在飞机地板下方的行李舱或货舱中运输。航空公司在收运行李时，值机员必须在客

票的行李栏内填写托运行李的件数和重量，并把"行李牌识别联"交给旅客作为认领行李的凭证。

（2）非托运行李（Unchecked Baggage）

①自理行李（Cabin Baggage）

自理行李是指航空公司同意由旅客自行负责照管的行李。如易碎物品、贵重物品、外交信袋等特殊物品可以作为自理行李由旅客带入客舱内。每一旅客携带自理行李的重量一般不能超过 10 千克，体积每件不能超过 20cm×40cm×55cm，自理行李与托运行李合并计算免费行李额。

②随身携带物品（Carry-on Baggage）

随身携带物品是指经航空公司同意由旅客自行携带进入客舱的小件物品。它区别于自理行李，是旅客在旅途中需要或使用而携带的个人物品，不计入旅客的免费行李额。每件随身携带物品的体积不能超过 20cm×40cm×55cm，重量不超过 5 千克。持头等舱客票的旅客每人可随身携带 2 件物品；持公务舱或经济舱客票的旅客，每人只能随身携带 1 件物品。"9·11"事件后，各航空公司对旅客随身携带物品的种类、属性要求越发严格。

知识拓展 6-3

《关于民航旅客携带"充电宝"乘机规定的公告》

2.行李的收运流程

（1）接受托运行李时要检查旅客的机票，确认行李运送地与客票上的到达地相符。行李要过磅并将重量填入客票的行李栏内，如超重要收取逾重行李费。

（2）行李上要贴挂行李牌和行李标贴，行李牌是托运行李的凭证，有上、下两联，上联填写到达地，贴在行李上，下联由旅客保存，到站后凭此联取行李。

（3）为保证航空运输安全，根据国际民航组织的规定，如果旅客交运行李后没有登机，只有在其行李撤下飞机后，飞机方可起飞。

3.行李运输收费标准

（1）免费行李额规定

不同国家、不同航空公司对免费行李额有不同的规定。2021 年 9 月 1 日起中国民用航空局对行李运输的规定不做统一的要求，一般而言每位旅客的免

费行李额（托运行李和自理行李）规定如下：

持成人或儿童票的头等舱旅客为 40 千克；公务舱旅客为 30 千克；经济舱旅客为 20 千克；持婴儿票的旅客，无免费行李额。搭乘同一航班前往同一目的地的两个（含）以上的同行旅客，如在同一时间、同一地点办理行李托运手续，其免费行李额可以按照各自的票价等级标准合并计算。国际运输的国内航段，每位旅客的免费行李额按适用的国际航线免费行李额计算。

（2）逾重行李费

如果旅客交运行李的重量超过免费行李额时，要加收逾重行李费，每千克的费率按照公布的最高直达、单程、成人、经济舱票价的 1.5% 计算。

4. 行李的声明价值和声明价值附加费

根据航空运输的规定，旅客的托运行李在运输过程中发生损坏、丢失时，航空公司必须按照每千克行李的最高赔偿限额赔偿。当旅客的托运行李的每千克实际价值超过承运人规定的每千克最高赔偿限额时，旅客有权要求更高的赔偿，但是必须在托运行李时办理行李声明价值，并支付声明价值附加费。办理声明价值的行李，如在运输过程中由于承运人的原因造成损失，承运人应按照旅客的声明价值赔偿。

5. 不正常行李运输

不正常行李运输是指行李在运输过程中发生不正常情况，如错装、漏装、漏卸、污损、迟到或遗失等，造成承运人不能按照客票及行李票上约定的时间和地点将旅客托运的行李及时、完好地交付给旅客。

当行李运输发生不正常情况时，应及时、迅速、认真、妥善地处理，尽量避免或减少因行李不正常运输给旅客造成的损失。

（1）行李破损

行李破损是指在运输过程中旅客所托运的行李的外部受到损伤或损坏，因而行李的外包装和 / 或内装物品遭受损失。发生行李破损时，应立即查明原因，明确责任。如果属于在运输过程中的正常现象，即轻微的摩擦、凹陷或表面沾染少量的污垢等，应向旅客解释，承运人不负运输责任。如果属于承运人的责任，应立即会同旅客填写"破损行李事故记录"，并根据破损行李赔偿标准的有关规定办理赔偿。

（2）行李遗失

如果旅客在到达站没能找到行李，在核实旅客的客票和行李牌后应问清行李特征，立即查找。如果找不到应填写"行李事故调查记录"，旅客填写"丢失行李调查表"。根据"行李事故调查记录"向旅客航班的始发站、中途站和后续到达站拍发少收电报进行查询，查询电报按情况可以发出多次，若仍没有找到，则按规定进行赔偿。

案例分享 6-4

"失而复得"的行李

六、安检及联检流程

安全检查工作是保障民航旅客运输安全的关键。旅客和工作人员要进入控制区必须通过安检门，货物和行李必须通过 X 光机检查，机场安全检查的速度直接决定了机场旅客的运输能力。但是安检也不能马虎大意，其工作的细致与否决定着机场和航空运输的安全，"9·11"等以民航机为载体的恐怖事件给安全检查提出了更高的要求。民航是一个系统性行业，要确保整个行业的安全运行不光是为数不多的大机场的责任，而是参与民航运输的每个机场、各个环节的共同责任。

联检单位主要在国际旅客运输中设立，海关、边防、卫检共同构成驻机场联检单位，这些政府权力机关代表国家行使主权，同时也确保国民的安全和利益。海关在机场收缴关税可以规范我国国内进口商品的价格，保护我国相关薄弱行业的发展，彻查非法走私行为的发生，维护国家的正当商业权益；边防是我国出入境申报制度的执行者，负责监控我国出入境人员的流向，避免不法分子入境，防止我国监控人员非法离境逃脱相应的制裁；卫检则保护国民的身体健康，监督来自恶性疾病流行和传染区的人员进入我国境内，阻止未经我国相关部门批准的水果、蔬菜、动物制品流入我国。

七、登机及中转服务流程简介

旅客乘坐的飞机一切准备工作完成后，机组人员会通知地勤人员组织旅客有序登机，机场广播也会发布相关登机信息。旅客按照登机牌上标明的指定登

机口登机。如果有特殊旅客，应安排优先登机。在登机闸口值机人员负责核实登机牌信息和航班是否符合，并撕下副联做统计工作，收集的登机牌数目必须与登机旅客人数相符合。

中转服务是航空公司针对购买联程机票的旅客而开展的空地一条龙服务。中转服务的好坏直接决定了航空公司能否构建起中枢辐射式航线网络结构。中转工作的核心要求是做到三个"一票到底"，即客票、登机牌、行李牌只需要在始发站一次性办理即可。该业务是针对中转联程机票旅客提出的一种全新服务理念。中转服务按照到达和续程衔接航班的不同可以分为：国内转国内、国内转国际、国际转国际、国际转国内四种。下面我们分别简单介绍各中转服务的流程。

（一）国内转国内

旅客下机—提取行李—国内中转柜台办理登机牌和行李保管—中转人员引导旅客到国内候机室休息等候—旅客登机。

（二）国内转国际

旅客下机—提取行李—国内中转柜台办理登机牌和行李保管—国际中转柜台领取登机牌和托运行李—中转人员引导旅客到国际出发厅办理出境手续—旅客登机。

（三）国际转国内

旅客下机—卫检及边防检查—旅客自取行李过海关—国际中转柜台办理乘机手续—国内出发、登机。

（四）国际转国际

旅客下机—国际中转柜台办理乘机手续—国际出发区候机—旅客登机。

八、空中服务流程简介

空中服务是民航旅客运输的实现环节，是航空公司提供的最终产品。一般由登机旅客入座引导、安全设施使用方法演示、检查旅客是否需要特殊服务、提供航空饮品、发放航空配餐或休闲食品、收拾旅客垃圾、落地准备提示、引导旅客下机等环节组成。各航空公司都十分重视空中服务的质量，在空乘人员的选拔上要求极高。通过初选后还要接受航空体检和严格的服务技能培训，采用淘汰机制，经过重重筛选最终飞上蓝天的空乘人员都是出色的专业人士。

如今，各航空公司在选择乘务人员的标准上已经不单单看重外表，更注重耐心、爱心、关心等内在气质的选择，从而提升空中服务的整体水平。

任务三　了解特殊旅客运输

一、特殊旅客的分类

特殊旅客是指在航空运输中需要给予特别礼遇和照顾的旅客，或由于其身体健康和精神问题等需要空乘及地服人员给予特殊照料，或在一定条件下才能被航空公司接受运输的旅客。特殊旅客运输对航空公司的地面和空中保障服务有更高的要求，同时特殊旅客运输的能力也是衡量航空公司服务水平的重要标志之一。

特殊旅客的特殊之处就在于其需要更加严格的购票程序和更加人性化的运输服务。为了明确不同特殊旅客的购票及运输操作，将特殊旅客分为如下几类：重要旅客 VIP、无成人陪伴儿童 UM、疾病旅客 MEDA、担架旅客 STCR、失明旅客 BLND、轮椅旅客、孕妇旅客、聋哑旅客 DEAF、醉酒旅客、犯人等。

由于各航空公司在不同机场的保障能力各不相同，因此在接受特殊旅客运输之前，必须事先取得相关航空公司的同意。在接受特殊旅客订座时，需要在旅客订座记录中备注项（ISO/RMK）注明给予照顾的内容。当然并不是接受特殊旅客购票就一定可以运输特殊旅客，根据办理登机手续时的具体情况，航空公司可以做出以下两个层次的处理：①拒绝运输：为了保证航空运输安全，

在遵守国家法律法规和命令的前提下，根据值机时旅客的即时情况，根据其行为、年龄、精神健康等当天不适合高空飞行的情况，或对其他旅客会造成不舒适和反感的情况，或对其本人、其他旅客及财物可能造成任何危害或危险的情况，承运人可以决定对特殊旅客拒绝运输或拒绝续程运输或取消已经订妥的座位。②有条件载运：特殊旅客只有在符合中国民航局有关旅客运输规则，并征得承运人同意的情况下，方可载运。特殊运输不是消费者有要求就可以实现的，航空公司可以视自己的资源布置决定是否接受运输，这种运输是有条件的载运，消费者无权要求航空公司必须提供载运服务。

二、几类特殊旅客的运输要求

（一）重要旅客运输要求

航空运输服务的政治色彩比较浓厚，有很多旅客因为其重要身份，需要在地面及空中服务中给予特殊安排，通常称这类旅客为重要旅客（Very Important Person，VIP）。在中国重要旅客的范围如下：①省、部级（含副职）以上的负责人；②各大军区级（含副职）以上的负责人；③公使，大使级外交使节；④由各部、委以上单位或我驻外使领馆提出要求按重要旅客接待的客人；⑤承运人认为需要给予此种礼遇的旅客。如今，消费者对航空公司也提出个性化的服务要求，为了满足这一需求，各航空公司纷纷降低了重要旅客的准入标准，如果消费者可以支付相关费用均可享受机场贵宾厅休息、代办值机、停机坪接送等VIP服务。根据运输规则，重要旅客可分为如下三类：①最重要旅客（VVIP）；②一般重要旅客（VIP）；③工商界重要旅客（CIP）。

为了体现重要旅客服务的与众不同，展现其尊贵性，航空公司对重要旅客的服务都有专门规定，具体规定如下：

（1）设置专门值机柜台提供办理乘机手续服务；

（2）为重要旅客预留较好的座位并有专门人员为其代办乘机手续；

（3）在重要旅客的登机牌上注明"VVIP，VIP，CIP"的字样，便于做好个性化服务工作；

（4）行李拴挂"VIP"行李标志牌或"小心轻放"的标贴，托运行李应装在货舱门口附近，以便尽快取出；

（5）安排重要旅客在机场贵宾室休息，并安排专车在停机坪上接送；

（6）如航班延误，考虑优先为 VIP 旅客改签后续最早的航班，并把情况报告有关部门；

（7）航班起飞前，准确填写"重要旅客通知单""特殊服务通知单"，主动向机组交代 VIP 的身份和要求的特别服务事项。

对重要旅客的服务水平高低直接体现着航空公司整体的服务能力，尤其是当今国内旅客运输市场竞争激烈，航空公司的最大获利消费群体是商务旅客，他们对价格的高低并不十分敏感，让他们做出选择的关键因素是航空公司提供的全方位个性化服务。

（二）无成人陪伴儿童运输（Unaccompanied Minor，UM）

无成人陪伴儿童运输是航空公司为了适应市场需求而推出的个性化服务产品。但并不是所有儿童都可以办理无成人陪伴运输服务的，在年龄方面要求儿童年龄在五周岁以上、十二周岁以下。不足五周岁的无成人陪伴的儿童，原则上不予承运。

由于没有成人陪同照顾，乘机儿童在机场和飞机上的一切活动都应该由航空公司和机场的相关服务部门负责。因此航空公司要考虑在起点和终点的服务能力，只有能提供相应服务保障的情况下才能接受运输。所以，销售部门在订座出票前必须征得相应航空公司的同意，在订座的时候要在儿童姓名后加注无成人陪伴儿童标志 UM。为了确保无成人陪伴儿童的安全运输，办理此项服务必须符合以下航空公司公布的条件：

（1）儿童应由其父母或监护人陪送到上机地点并在儿童的转机地点、下机地点安排人予以迎接和照料；

（2）无成人陪伴儿童的承运必须在运输始发站预先向航空公司的售票部门提出；如是联程运输，需得到转机航站的证实；

（3）运输的全航程包括两个或两个以上航班时，不论是由同一空运企业或由不同的空运企业承运，在航班衔接站，都应由儿童的父母或监护人安排人予以接送和照料，并应提供接送人的姓名、电话和地址；

（4）儿童父母或监护人应向航空公司提供在航班到达站或衔接站安排的接

送人的姓名、联系地址、电话，经核实后方可接受；

（5）无成人陪伴儿童应尽量安排在直达航班上运输；如需联程运输时，应尽量安排在衔接时间较短的联程航班上，并取得有关承运人的同意；

（6）无成人陪伴儿童需另派服务员随机陪伴时，应由座位控制部门预留座位；

（7）为了便于服务，航空公司在给无成人陪伴儿童出票时，同时应填妥"无成人陪伴儿童文件袋"，并将"文件袋"和标志牌发给儿童；

（8）承运人对无成人陪伴儿童负有责任并需提供特殊服务和照顾，需要空乘人员付出更多精力，为了不影响向同一航班的其他旅客提供服务的标准，各航空公司往往会规定每一航班运送的无成人陪伴儿童数量。常见机型对无成人陪伴儿童的数量限制如表6-3-1所列。

表6-3-1　常见机型对无成人陪伴儿童的数量限制

机型	舱位		
	F	C	Y
B-777A	\	不接受	8人
B-777B	不接受	不接受	6人
B-757	\	不接受	5人
B-737	\	5人	\
A-321	不接受	\	5人
A-320	\	不接受	5人
A-300	不接受	\	8人

注："\"表示无相应舱位服务。

（三）疾病旅客

疾病旅客是指由于身体或精神的缺陷或病态，在航空旅行中不能自行照料自己的旅途生活，而需要他人帮助照料的旅客。按照中国民航总局的相关运输规定，对疾病旅客的运输提出了如下要求，当然航空公司根据自身能力也制定了自身的运输条件：

（1）传染病患者及精神病患者或健康情况可能危及自身或影响其他旅客安

全的旅客，承运人有权拒绝承运；

（2）年边的老人，虽然身体并未患病，在航空旅行中仍需要乘务人员帮助，应给予适当的照顾，应视为病伤旅客；

（3）带有先天残疾，但已习惯于自己生活的人，如瘸子、聋哑人等不应视为病伤旅客；

（4）病伤旅客乘机原则上需要由合适的人员陪同，最好是医生或护理人员。

总之，判断旅客是否为病伤旅客的关键不是看旅客是否真实存在伤病，而是判断其是否可以在航空旅途中自行照顾自己。

（四）担架旅客运输要求

担架旅客是指在某些特殊情况下，因受伤或生病等严重原因不能坐着进行空中旅行，而必须躺着乘机的旅客。由于担架旅客运输需要航空公司的机务部门进行航空担架安装，这种操作会影响到航空公司的安排，所以对接受担架旅客有着很严格的运输条件：

（1）每一航班上只允许接受一名担架旅客；

（2）担架旅客必须向航空公司提供适于乘机的医疗诊断证明书；

（3）担架旅客家属必须同航空公司签署书面保证；

（4）航空公司一般要求有一名医生或护士陪同，如让其他人陪同，则必须经过医生的同意；

（5）担架旅客应在航班规定离站时间 48 小时前提出申请；

（6）担架旅客一般不办理联程航班业务。

在满足以上航空公司的承运要求后，航空公司可同意接受担架旅客。双方需要填写"特殊旅客（担架旅客）运输申请表"，并由旅客签字。如本人书写困难，可请其家属或监护人代签。"特殊旅客（担架旅客）运输申请表"一份交旅客办理值机手续；一份由售票处留存并传真至值机、运行控制部及现场留存。

（五）失明旅客

失明旅客是指有双目失明缺陷的旅客。按照相关规定，失明旅客可以分为三大类：有人陪伴盲人旅客、有导盲犬陪伴盲人旅客和无陪伴盲人旅客。三种

旅客的运输条件各不相同，下面我们分类介绍如下：

（1）有人陪伴同行的盲人旅客，只限于成人旅客陪伴同行，由于在登机和空中旅行过程中有人给予其照料，所以该盲人旅客按普通旅客接受运输。

（2）有导盲犬引路的盲人旅客携带导盲犬，应按下列规定办理：

a. 导盲犬是指盲人旅客在旅途中依靠其引路、并经过特别训练的狗；

b. 盲人旅客携带的导盲犬，必须在申请订座时提出，并经过航空公司同意后才可携带；

c. 符合航空公司运输条件的导盲犬可以由盲人旅客免费携带并带入客舱运输；

d. 盲人旅客携带导盲犬应负责出具必要的检疫注射证明和检疫证明书。

（3）无陪伴盲人旅客的运输有如下要求：

a. 无陪伴盲人旅客必须自己能够走动，有照料自己的能力，可自行进食；

b. 无陪伴盲人旅客乘机，在始发站应由家属或其照料人陪送到上机地点；在到达站，应由盲人旅客的家属或其照料人在下机地点予以迎接；

c. 订座时，应填写一式两份"特殊（无陪伴的盲人）旅客运输申请表"；

d. 在联程运输时，应征得各有关承运人的同意。

知识拓展 6-4

《残疾人航空运输管理办法》

（六）轮椅旅客

案例分享 6-5

轮椅旅客回家记

航空公司为了满足各类行动不方便的旅客乘机，可以在硬件允许的条件下为旅客提供相应的设施，这就是轮椅旅客运输。若消费者需要提供轮椅则应出具由县、市级或相当于这一级的医疗单位填写，并经医生签字、医疗单位盖章的诊断证明书。根据轮椅旅客的需求差异，可以将其分为以下三种情况：

（1）机坪轮椅旅客 WCHR：旅客能够自行上下飞机，并且在机舱内可以自己走到自己的座位上去；

（2）客梯轮椅旅客 WCHS：旅客不能自行上下飞机，但在机舱内能够自己走到自己的座位上去；

（3）客舱轮椅旅客 WCHC：旅客完全不能自己行动，需要别人扶着或抬着才能到达机舱内的座位。

（七）孕妇旅客

飞机在高空飞行中，其飞行的空间环境中氧气成分相对减少，空气稀薄气压降低，虽然飞机舱内有增压系统，但不可能提供与地面完全相同的气压，加之飞机飞行中可能遇到气流变化，有时会产生颠簸，因此航空公司对孕妇旅客运输有一定的限制条件：

（1）怀孕 32 周或不足 32 周的孕妇，除医生诊断不宜乘机者外，可按一般旅客运输；

（2）怀孕超过 32 周的孕妇乘机，应提供相应的医生诊断证明才可以接受运输；

（3）怀孕超过 36 周，或预产期不确定，但已知为多胎分娩或预计有分娩并发症者，不予接受运输；

（4）孕妇旅客订座应予以优先安排。

在满足上述各条件的前提下，接受怀孕 32 周以上至 36 周以下的孕妇订座，旅客应填写"特殊旅客（孕妇）运输申请表"，并提供诊断证明书一式两份。在订座记录中的备注项目内应注明孕妇旅客的怀孕期或需要提供的特殊照料项目。

任务四　了解国际性民航组织及航空法

一、国际民航组织

（一）国际航空运输协会（IATA）

国际航空运输协会（International Air Transport Association，IATA）是世界航空运输企业自愿联合组织，属非政府性的国际组织。只有经营定期国际航线的航空公司才有资格申请成为其正式会员，如果只经营国内航班的航空公司只能成为其准会员。由于其国际属性，决定了其宗旨必将从全球角度出发："为了世界人民的利益，促进安全、正常而经济的航空运输"，"对直接或间接从事国际航空运输工作的各空运企业提供合作的途径"，"与国际民航组织以及其他国际组织通力合作"。

国际航空运输协会总部设在加拿大蒙特利尔，在蒙特利尔和瑞士的日内瓦设有总办事处。为了方便区域管理，航协在美国纽约、法国巴黎、新加坡、泰国曼谷、肯尼亚内罗毕、中国北京设有分支机构或办事处。为了协助会员航空公司解决其最复杂的国际联运结算问题，在瑞士日内瓦设有清算所，以处理相关业务。国际航协的最高权力机构为全体会员大会，另有 4 个常务委员会分管法律、业务、财务和技术。

图 6-4-1　IATA 标志

国际航协的主要活动有：①协商制定国际航空客货运价；②统一国际航空运输规章制度；③通过清算所，统一结算各会员间以及会员与非会员间联运业务账目；④开展业务代理；⑤进行技术合作；⑥协助各会员公司改善机场布局和程序、标准，以提高机场运营效率等。

国际航协从组织形式上是一个全球各会员航空公司间的行业联盟，属非官方性质组织，但是由于世界上大多数国家的航空公司是国有的，即使非国有的航空公司也由于其特殊性受到所属国政府的强力参与或控制，因此航协实际上是一个半官方组织。航协制定运价的活动，也必须在各国政府授权下进行。清算所对全世界联运票价的结算是一项有助于世界空运发展的公益事业，因而国际航协发挥着通过航空运输企业来协调和沟通政府间政策，解决实际运作困难的重要作用。

（二）国际民航组织（ICAO）

国际民航组织（International Civil Aviation Organisation，ICAO）是《芝加哥公约》的产物。"二战"后，为解决战后民用航空发展中的国际性问题，1944 年 11 月 1 日至 12 月 7 日在美国芝加哥召开了由 52 个国家参加的国际民航会议，签订了《国际民用航空公约》（也称《芝加哥公约》），并按国际民用航空临时协定设立了"临时国际民航组织"。1947 年 4 月 4 日公约生效，"国际民航组织"正式成立。该组织于同年 5 月成为"联合国"的一个专门机构，总部设在加拿大的蒙特利尔。其主要任务是协调各国有关民航经济和法律问题，并制定各种民航技术标准和航行规则。

国际民航组织的宗旨和目的如下：①保证全世界国际民用航空安全地、有秩序地发展；②鼓励为和平用途的航空器的设计和操作艺术；③鼓励国际民用航空应用的航路、机场和航行设施；④满足世界人民对安全、正常、有效和经济的航空运输的需要；防止因不合理的竞争而造成经济上的浪费；⑤保证缔约国的权利充分受到尊重，

图 6-4-2　ICAO 标志

每一缔约国均有经营国际空运企业的公平的机会；⑥避免缔约各国之间的差别待遇；⑦促进国际航行的飞行安全。

每三年至少召开一次的全体会员大会是国际民航组织的最高权力机构。为了进行日常工作成立的理事会为常设机构，由 33 个理事国组成，由每届大会选举产生。理事会每年召开三次会议，下设航空技术局、航空运输局、法律局、技术援助局、行政服务局和对外关系办公室分管相关事宜，这些机构统一在秘书长领导下工作。此外，国际民航组织设有 7 个地区办事处，分别为西非和中非区（塞内加尔达喀尔）、欧洲区（法国巴黎）、亚洲太平洋区（泰国曼谷）、中东区（埃及开罗）、东非和南非区（肯尼亚内罗毕）、中北美和加勒比区（墨西哥墨西哥城）、南美区（秘鲁利马）。

1944 年 12 月 9 日，当时的中国国民党政府在《芝加哥公约》上签字，并于 1946 年 2 月 20 日批准该公约。1971 年 11 月 19 日国际民航组织第 74 届理事会通过决议，承认中华人民共和国政府为中国唯一合法的政府，驱逐了国民党集团的代表。1974 年 2 月我国决定承认《国际民用航空公约》，并自签署之日起参加该组织的活动。从 1974 年起中国连续当选为理事国，并在蒙特利尔设有常驻该组织理事会的中国代表处。

国际民航组织的主要活动是：通过制定《国际民用航空公约》的 18 个技术业务附件和多种技术文件以及召开各种技术会议，逐步统一国际民航的技术业务标准和管理国际航路的工作制度；通过双边通航协定的登记、运力运价等

方针政策的研讨、机场联检手续的简化、统计的汇编等方法以促进国际航空运输的发展；通过派遣专家、顾问，建立训练中心，举办训练班及其他形式，以执行联合国开发计划署向缔约国提供的技术援助；管理公海上的联营导航设备；研究国际航空法，组织拟订和修改涉及国际民航活动的各种公约。根据缔约国的建议和议事规则，通过大会、理事会、地区会议以及特别会议讨论和决定涉及国际航空安全和发展的各种重要问题。

知识拓展 6-5

国际民航组织首位中国籍秘书长

二、重要航空法规

民用航空法简称民航法，是调整民用航空活动引起的各种社会关系的法律规范的总称，是世界各国法律体系的重要组成部分之一。民航法是自成一体的，有独立的法律地位，也是法律体系的有机组成部分，充分体现了法制化、规范化、科学化。其法律作用同相关行业法规类似，起着调整权利、义务关系，规范行为、活动的作用，保障行业安全、有序地发展。下面我们简单了解一下民用航空法规发展的历史。

根据相关资料，可以把民用航空法的发展分为以下三个阶段：

（1）第一阶段，国际航空立法的初步探讨时期（1784—1913）。航空法的出现和发展是伴随着航空活动的发展而产生并逐渐完善的。世界上第一个关于航空法的记载源于热气球的发明，1784 年法国巴黎的治安条例中第一次提及关于热气球飞行带来的相关民事法规制度，专家认定这是现代民航法的雏形。随着人类对飞行技术的探索兴趣浓厚，飞行运动在西欧日益流行开来，1902 年法国提出当时第一部航空活动管理文件，第一次把飞行活动行为规范化。1903 年美国的莱特兄弟发明飞机，并在此基础上不断改进，使载人航空飞行成为可能，加之局部战争的发生，飞机被应用到军事领域，以侦察对方的阵地布防情况，于是引出了西方国家关于领土上空的归属权和管辖权问题。在1910 年法国巴黎航空活动大会上，与会各国都提出了有利于自己的领空归属权方案，但是由于划分规则难以统一和规范，没有形成最终协议。这是人类向统一国际标准的航空法规迈出的第一步。

（2）第二阶段，国际航空立法的活跃时期（1914—1941）。这一阶段的标志性事件是一战结束后的1919年巴黎和会签署的《巴黎公约》，该公约第一次明确了领空原则，为日后国际航空法的形成打下了重要基础。在此之后，国际航空立法进入了相对活跃时期，先后签署了两部基础性公约，一部是1929年在波兰华沙签署的《统一国际航空运输某些规则的公约》，也称《华沙公约》。该公约针对航空公司在发生空难、飞机延误等灾难或者运输不正常的情况下对消费者的赔偿金额问题做出规定，从而约束了航空公司行为，促进其提供更加安全和高效的航空运输服务。另一部是1933年在意大利罗马签署的《统一关于飞机对地（水）面第三人造成损害的某些规则的公约》，也称为《罗马公约》。该公约对由于飞机失事带给除航空公司和消费者外的第三方损害的赔偿问题做出规定，但是由于该公约制定的条文空洞，缺乏可操作性，因此没有起到达成公约的最初目标。

（3）第三阶段，国际航空法的成熟和完善期（1941年—今）。该阶段的标志性事件是二战结束后的1944年在美国芝加哥签署的《国际民用航空公约》。也称《芝加哥公约》。该公约为国际民航的宪法性公约，之后所签署的其他公约都是以该公约为框架的，公约第一条规定了领空主权原则，提出并规定了国际空中飞行的五种自由权力，明确了国际民用航空运输中的相关事项。为了确保公约具体条文的落实，成立了国际民航组织（ICAO）为联合国委托的专门负责全球民用航空安全的专门机构，并且敦促各缔约国履行公约中各项条文实施并落实。伴随着全球经济的高速发展，民用航空运输进入了快速发展时期，为确保发展的有序和适度，为全人类谋求更安全的飞行服务，国际民航法也进入了制定的快车道。1948年在瑞士日内瓦签署了《关于国际承认对飞机权利公约》也称《日内瓦公约》。该公约明确了飞机的国际注册制度，规定民航机采用唯一国际注册号，唯一标志，加强对民用航空飞行器的管理工作。1952年在意大利罗马对1933年的《罗马公约》进行修正，重新制定了新的《罗马公约》，使公约内容更加具体可行。之后为了控制或避免利用民用航空器进行恐怖活动事件的发生，分别于1963年在日本东京签署了《关于航空器上犯罪和其他某些行为的公约》，也称《东京公约》；于1970年在荷兰海牙签署了《制止非法劫持航空器公约》，也称《海牙公约》；于1971年在加拿大蒙特利尔签署了《制止危害民用航空安全非法行为的公约》，也称《蒙特利尔公约》。以上诸项民航法规共同构成了国际性的民航法律体系。

我国也制定了自己的民航法规，《中华人民共和国民用航空法》于 1996 年 3 月 1 日实施。为了配合航空法的实施，还颁布了关于民用航空活动的各项法规、条例及细则，来保障中国民航的高速健康发展。

任务五　了解中国六大航空运输及保障集团

一、中国航空集团公司

中国航空集团有限公司（China National Aviation Holding Corporation Limited），简称"中航集团"（Air China），2002 年 10 月 11 日成立，是特大型国有航空运输集团公司。CA 为其国际标准两字代码，999 为其标准结算代号。中国航空集团公司的历史并不长，2002 年 10 月 11 日根据国务院批准通过的《民航体制改革方案》，以中国国际航空公司为基础，联合中国航空总公司（基地位于浙江杭州）和中国西南航空公司（基地位于四川成都），正式成立了中国航空集团公司，并联合三方的优质航空运输资源，组建了新的中国国际航空公司。2004 年 9 月 30 日，经国务院国有资产监督管理委员会批准，由中国航空集团公司、中国航空（集团）有限公司作为发起人，中国国际航空股份有限公司在北京正式成立。同年 12 月 15 日，其股票在香港和伦敦成功上市。2017 年 12 月 29 日，按照公司制改制要求，中航集团由全民所有制企业改制为国有独资公司，改制后公司名称由中国航空集团公司改为中国航空集团有限公司。经过改制后的国航股份仍为中国唯一有权装图国旗标志（挂旗航空公司）和担任党和国家领导人专机任务的航空公司是世界最大的航空联盟——星空联盟的成员。

目前，中国航空集团公司共有包括中国国际航空股份有限公司在内的直属企业 7 家，三级以上企业 136 家。其经营业务涵盖航空客运、航空货运及物流两大核心产业，涉及飞机维修、航空配餐、航空货站、地面服务、机场服务和航空传媒六大相关产业，以及金融服务、航空旅游、工程建设及信息网络四大延伸服务产业。

国航是中国唯一载国旗飞行的民用航空公司，是世界最大的航空联盟——星空联盟成员，也是 2008 年北京奥运会和残奥会官方航空客运合作伙伴、2022 年北京冬奥会和冬残奥会官方航空客运合作伙伴，具有国内航空公司第一的品牌价值（世界品牌实验室 2021 年 6 月评测为 1972.36 亿元），在航空客运、货运及相关服务诸方面，均处于国内领先地位。国航承担着中国国家领导人出国访问的专机任务，也承担许多外国元首和政府首脑在国内的专包机任务，这是国航独有的国家载旗航的尊贵地位。国航主要控股子公司有深圳航空有限责任公司（含昆明航空有限公司）、澳门航空股份有限公司、北京航空有限责任公司、大连航空有限责任公司、中国国际航空内蒙古有限公司、北京飞机维修工程有限公司、国航进出口有限公司、成都富凯飞机工程服务有限公司、中国国际航空汕头实业发展公司等；合营公司主要有北京集安航空资产管理有限公司、四川国际航空发动机维修有限公司等；另外，中国国航参股国泰航空有限公司、山东航空股份有限公司、西藏航空有限公司等，且为山东航空集团有限公司的第一大股东。曾为国航控股、现同为中航集团所属的北京航空食品有限公司于 1980 年 5 月 1 日在北京成立，是我国《中外合资经营企业法》颁布后的第一家中外合资企业。截至 2020 年 12 月 31 日，国航（含控股公司）共拥有以波音、空中客车为主的各型飞机 707 架，平均机龄 7.74 年；经营客运航线已达 674 条，通过与星空联盟成员等航空公司的合作，将服务进一步拓展到 195 个国家（地区）的 1300 个目的地。

国航于 2007 年 12 月加入星空联盟。作为星空联盟成员、中国唯一的载旗航空公司，国航运营着世界级的航空网络，每周为旅客提供超过 8500 个航班，连接全球 40 余个国家和地区的 180 余个目的地。国航连续 14 年被世界品牌实验室评为"世界品牌 500 强"，是中国民航唯一一家进入"世界品牌 500 强"的企业，同时连续 14 年获得了"中国品牌年度大奖 NO.1（航空服务行业）"和"中国年度文化品牌大奖"；2021 年 6 月，国航被世界品牌实验室评为中国 500 最具价值品牌第 23 名，位列国内航空服务业第一名。

公司标志的含义：凤是一只美丽吉祥的神鸟。选用凤作为航徽，希望这神圣的生灵及其有关它的美丽传说给天下带来安宁，带来吉祥和幸福。同时航徽又是 VIP 的美术字体，体现了新国航力争让每位乘客都感受到其提供的高水

平的贵宾服务。

图 6-5-1　国航的标志

图 6-5-2　国航的奥运涂装飞机

二、中国南方航空集团公司

中国南方航空集团公司（China Southern Airlines），简称"南航"，成立于2002 年 10 月 11 日，是以中国南方航空（集团）公司为主体，联合新疆航空公司、中国北方航空公司组建而成的大型国有航空运输集团，是国务院国资委直接管理的三大骨干航空集团之一，主营航空运输业务，兼营航空客货代理、飞机发动机维修、进出口贸易、金融理财、建设开发、传媒广告等相关产业。

图 6-5-3　南航标志

中国南方航空股份有限公司（以下简称南航），总部设在广州，以蓝色垂直尾翼镶红色木棉花为公司标志，是中国运输飞机最多、航线网络最发达、年客运量最大的航空公司，拥有厦门、河南、贵州、珠海等 8 家控股公共航空运输子公司，新疆、北方、北京等 20 家分公司，在杭州、青岛等地设有 23 个境内营业部，在新加坡、纽约、巴黎等地设有 54 个境外营业部。CZ 为其国际标准两字代码，784 为其标准结算代号。

南航以"阳光南航"为文化品格，以"连通世界各地 创造美好生活"为企业使命，以"顾客至上、尊重人才、追求卓越、持续创新、爱心回报"为核心价值观，大力弘扬"勤奋、务实、包容、创新"的南航精神，致力于建设具有全球竞争力的世界一流航空运输企业。

2019 年和 2020 年，南航旅客运输量分别为 1.52 亿人次和 0.97 亿人次，连续 42 年居中国各航空公司之首。南航年旅客运输量居亚洲第一、世界第二，货邮运输量世界前十（数据来源：国际航协）。截至 2020 年 12 月，南航运营包括波音 787、777、737 系列，空客 A380、A330、A320 系列等型号客货运输飞机超过 860 架，是全球首批运营空客 A380 的航空公司。

目前，南航每天有 3000 多个航班飞往全球 40 多个国家和地区、224 个目的地，航线网络 1000 多条，提供座位数超过 50 万个。通过与美国航空、英国航空、卡塔尔航空等合作伙伴密切合作，南航航线网络延伸到全球更多目的地。

近年来，南航全力打造广州 – 北京"双枢纽"，通过新开和优化航线网络，致力建设两大综合性国际航空枢纽。在广州，南航持续 10 年稳步建设"广州之路"（Canton Route），服务"一带一路"和粤港澳大湾区。截至 2019 年末，南航在广州白云机场的通航点达 132 个，其中国际及地区通航点 51 个。南航广州枢纽已成为中国大陆至大洋洲、东南亚的第一门户。广州与国内、东南亚主要城市形成"4 小时航空交通圈"，与全球主要城市形成"12 小时航空交通圈"。

在北京，作为北京大兴国际机场最大的主基地航空公司，南航集团拥有超过 50% 的时刻资源。2020 年 10 月，南航往返北京航班全部转至大兴机场。南航在大兴机场还运营着亚洲跨度最大的机库、亚洲最大的运行控制中心和航空食品生产基地。到 2025 年，南航预计将在北京大兴国际机场投入飞机超过 200 架，日起降航班超过 900 班次，与各方共同将大兴机场打造成为世界级航空枢纽新标杆、世界一流便捷高效新国门。

南航安全飞行纪录卓越，保持着中国航空公司最好的安全纪录，安全纪录和安全管理水平处于国际领先地位。2018 年 6 月，南航荣获中国民航飞行安全最高奖"飞行安全钻石二星奖"，是中国国内安全星级最高的航空公司。

长期以来，南航认真履行中央企业社会责任，得到各界广泛认可，先后被授予多种荣誉和奖项。2011 年，南航被国际航空服务认证权威机构 SKYTRAX 授予"四星级航空公司"称号；2016 年获评 SKYTRAX "全球最受喜爱航空公司"第 13 名，居中国内地航空公司之首，2018 年获评"全球最杰出进步航空公司奖"。2012、2013 连续获评《财富》（中文版）"最受赞赏的中国公司"50强，"中国年度最佳雇主 30 强"，"社会责任百强企业"；2014 年，南航获评

美国《环球金融》"中国之星"最佳航空公司,《财富》(中文版)最受赞赏中国公司交通运输及物流行业第一称号;2015年,南航获评空客公司"全球空客A330杰出运行航空公司",中国物流业最高奖项"金飞马奖"和"中国品牌价值百强物流企业奖"等。2016年和2017年,南航连续获评《财富》(中文版)中国企业500强,居交通运输业首位。2017年和2020年南航被评为中国质量协会全国"用户满意标杆"企业,并获得中国国家顾客推荐指数航空服务第一名。2018年南航获评SKYTRAX"全球最杰出进步航空公司奖"。在英国独立品牌评估与咨询公司Brand Finance发布的"2017年全球最有价值航空公司品牌50强"排行榜中,南航位列第六名,获得AAA品牌评级,居中国航空公司首位。2020年,南航成为亚洲第一家、全球第三家获得国际航协(IATA)行李追踪全网络合规认证的航空公司。

图 6-5-4　南航品牌服务标志

三、中国东方航空集团公司

中国东方航空集团公司(China Eastern Airlines),简称"东航",总部位于上海,是我国三大国有骨干航空运输集团之一,前身可追溯到1957年1月上海成立的第一支飞行中队。2002年,以原东航集团公司为主体,兼并原中国西北航空公司、联合原云南航空公司的基础上组建而成中国东方航空集团公司。东航集团经过数年的调整优化和资源整合,截至2017年年底,东航集团总资产超过2760亿元,形成以航空客运为核心主业,以航空物流、航空金融、航空地产、航空食品、融资租赁、进出口贸易、航空传媒、实业发展、产业投资等为相关协同产业的"1+9"现代航空服务集成体系。

作为东航集团核心主业的中国东方航空股份有限公司,1997年在纽约、香港、上海三地作为首家中国航企挂牌上市。MU为其国际标准两字代码,781为其标准结算代号。目前,东航在全球拥有11家分公司、50家海外营业部及办事处，同时拥有包括上海航空有限公司、东方航空云南有限公司、中国货运航空公司、中国联合航空公司等在内的 24 家全资及控股子公司。

截至 2020 年底，东航的机队规模达 730 余架，是全球规模航企中最年轻的机队之一，拥有中国规模最大、商业和技术模式领先的互联网宽体机队。目前，东航构建起以上海和北京为主的"两市四场"双核心枢纽网络，借助天合联盟，通达全球 170 个国家和地区的 1036 个目的地，每年为全球超过 1.3 亿旅客提供服务，旅客运输量位列全球前十。

"东方万里行"常旅客可享受天合联盟 20 家航空公司的会员权益及全球超过 600 间机场贵宾室。公司运营着超过 650 架、平均机龄 5.39 年的全球最年轻大型机队，拥有中国规模最大、商业和技术模式领先的 75 架互联网宽体机队，在中国民航首家开放手机等便携式设备使用。

图 6-5-5　东航标志

东航致力于以精致、精准、精细服务为全球旅客创造精彩旅行体验。近年来，东航荣膺中国民航飞行安全最高奖——"飞行安全钻石奖"，连续九年获评全球品牌传播集团 WPP "最具价值中国品牌"前 50 强，连续四年入选英国著名品牌评级机构 Brand Finance "全球品牌价值 500强"；连续两年获评"中国企业海外形象 20 强"，位列交通运输行业首位；被国际指数公司 MSCI ESG 评定为 A 级、并列行业第一，并在运营品质、服务体验、社会责任等领域屡获国际国内殊荣。

公司标志的含义：一只银色的小燕子翱翔在蓝天红日之间，象征着东方航空公司将始终用真诚、朴实的态度为广大客、货主提供尽善尽美的航空运输服务，让这只银色的小燕子承载着消费者飞向远方。

四、中国民航信息集团公司

图 6-5-6　中航信标志

中国民航信息集团公司（China Travel Sky Holding Company），简称"中国航信"，正式组建于 2002 年 10 月，是专业从事航空运输旅游信息服务的大型国有独资高科技企业，是隶属于国务院国资委管理的中央企业。其前身为中国民航计算机信息中心，至今已有 30 余年的发展历史。中国民航信息网络股份有限公司是在 2000 年 10 月，由中国民航计算机信息中心联合当时所有国内航空公司发起成立，2001 年 2 月在香港联交所主板挂牌上市交易。2008 年 7 月，中国民航信息集团有限公司以中国民航信息网络股份有限公司为主体，完成主营业务和资产重组并在香港成功整体上市。截至 2017 年 6 月 30 日，中国航信总资产为 211.55 亿元，总部设在北京，近 60 家分子公司及非控股公司遍布全国及海内外。

作为市场领先的航空运输旅游业信息技术和商务服务提供商，中国航信被行业和媒体誉为"民航健康运行的神经"，所运营的信息系统列入国务院监管的八大重点系统之一。中国航信是全球第三大 GDS（航空旅游分销系统提供商），拥有全球最大的 BSP 数据处理中心。中国航信市场体系：下属分公司 10 家、全资子公司 19 家、控股公司 13 家、联营公司 9 家、集团其他分子公司 8 家，遍布全国各地和海内外，为近 40 家国内航空公司、20 余家外国及地区航空公司、200 余家国内机场、约 8000 家机票销售代理提供技术支持和本地服务，服务范围延伸至 300 多个国内城市、100 多个国际城市。

中国航信所运营的计算机信息系统和网络系统扮演着行业神经中枢的角色，是民航业务生产链条的重要组成部分，中国航信也是国资委监管企业中唯一以信息服务为主业的企业。提供的航空信息技术服务由一系列的产品和解决方案组成，服务对象主要包括：国内外航空公司、机场、销售代理、旅行社、酒店及民航国际组织，并通过互联网进入社会公众服务领域。主要业务包括：航空信息技术服务、结算及清算服务、分销信息技术服务、机场信息技术服务、航空货运物流信息技术服务、旅游产品分销服务、公共信息技术服务等七大板块，以及与上述业务相关的延伸信息技术服务。经过三十余年的不断开发和完善，形成了相对完整、丰富、功能强大的信息服务产品线和面向不同对象的多级系统服务产品体系，极大地提高了行业参与者的生产效率。

企业数次荣膺中国信息化 500 强，拥有 28 项国家发明专利授权，是国家首批获得信息系统集成及服务资质运行维护分项一级资质的企业。2010 年以来连续六年获评"中国软件服务业企业信用评价 3A 级企业""中国十大创新软件企业"等荣誉。2015 年，公司股票被国际著名公司摩根士丹利纳入其 MSCI 中国指数。2016 年，又先后被纳入恒生综合大中型股指数、沪港通及深港通的名单中。公司在资本市场的关注度、资金吸引力和市场价值持续稳步提升。面向未来，中国航信将按照公司制定的发展战略和发展目标，推动企业不断做强做优做大，致力成为具有国际竞争力的一流综合信息服务企业。

五、中国航空油料集团公司

图 6-5-7　中国航油集团标志

中国航空油料集团有限公司（简称"中国航油"）是以原中国航空油料总公司为基础组建的国有大型航空运输服务保障企业，是国内最大的集航空油品采购、运输、储存、检测、销售、加注为一体的航油供应商，国务院授权的投资机构和国家控股公司试点企业，国务院国资委管理的中央企业。主营产业分为航油业务板块、油化贸易板块、物流业务板块和国际业务板块等四大业务板块。

中国航油控股、参股 20 多个海内外企业，构建了遍布全国的航油、成品油销售网络和完备的油品物流配送体系，以航油业务为核心，积极开展相关多元化业务，面向国际，通过资本运作、资源整合、品牌经营和集团化运作，实现持续、快速、健康增长。在全球 280 多个机场为 460 多家航空客户提供航油加注服务，在 23 个省、市、自治区为民航及社会车辆提供汽柴油及石化产品的批发、零售、仓储及配送服务，在长三角、珠三角、环渤海湾和西南地区建有大型成品油及石化产品的物流储运基地。

中国航油已成为亚洲第一大航油供应商，2019 年，中国航油以 2018 年营业收入 423.709 亿美元荣登《财富》世界 500 强第 283 位。中国航油 2011 年首次入榜，连续 9 年榜上有名，历年排名为第 431、第 318、第 277、第 314、第 321、第 484、第 439、第 371 和第 283 位。

中国航油已正式加入了国际航空运输协会、国际航煤联合检查集团、美国试验和材料协会等多个有极具影响力的国际组织，具有参与国际航油市场标准制定的发言权，持续保持安全生产"零事故、零伤害、零污染"的良好态势。

六、中国航空器材集团公司

中国航空器材集团有限公司（简称"中国航材"）是国务院国有资产监督

管理委员会管理的中央企业，是专门从事飞机采购及航空器材保障业务的专业公司。

图 6-5-8　中国航空器材集团公司标志

公司的前身是中国航空器材公司，1980 年 10 月经国家进出口管理委员会批准成立，是中国民航系统成立的第一家公司。1996 年 3 月更名为"中国航空器材进出口总公司"。2002 年 10 月，民航运输及服务保障企业联合重组，成立了三家航空运输集团公司和三家航空服务保障集团公司，"中国航空器材进出口集团公司"作为三家航空保障集团公司之一，经国务院批复正式组建。2007 年 12 月更名为"中国航空器材集团公司"。2017 年，完成公司制改制，建立了现代企业制度下的董事会管理体系，更名为"中国航空器材集团有限公司"。

中国航材是国内最大的、中立的、第三方飞机采购及航材保障综合服务提供商，主要业务涉及航空器整机保障服务、航空器材保障服务、技术装备及机场业务保障服务、通用航空发展及保障服务等领域，在航空业界具有较高的知名度和良好的品牌形象，与国内各航空公司以及国际知名的飞机制造厂商、发动机制造厂商、航材供应商等均保持着长期的密切合作。

中国航材集团公司成立之后，在继续巩固传统飞机和航材贸易业务的基础上，努力拓展新业务领域，努力建立集贸易分销与物流、航空维修与制造、航空租赁、地面设备与工程为一体的新型业务体系，成功实现业务转型并获得长足发展。中国航材集团公司将努力发展成为航材贸易、分销及相关物流业务的引领者，航空维修与制造目标细分市场的重要参与者，中国航空租赁业务的先行者和民航地面设备与工程服务的主要提供者。

思考与练习

1. 简述民航旅客运输的特点。

2. 简述航线、航班、航班号、航班时刻表等概念。

3. 航线网络类型有哪些？中转辐射式航线的优势有哪些？

4. 什么是电子客票？电子客票给旅客旅行带来哪些方面的影响？

5.什么是行李？免费行李额的规定如何？

6.简述国内旅客运输的流程。

7.简述特殊旅客的概念以及分类。举例说明特殊旅客服务的特殊要求。

8.简述国际民航组织与国际航空运输协会的区别。

学习效果检测

扫描下方二维码，检测你的学习效果。

06

学习检测

实训与分享

以小组为单位，请分别选择中国或国际的两家航空公司进行研究，不限于网上搜集信息、实地考察、询问专业人士等，分析比较其航线网络、品牌产品、服务特色等。请各调研小组把调研结果以PPT方式展示分享。

项目七
了解民航货物运输

项目导读

民航货物运输在民航运输中所占的比例在逐年上升，货物运输的要求也越来越高。本项目以民航货物运输的特点为切入点，介绍民航货物运输的基础知识、民航快递业务的发展，并以民航国内货物运输为例介绍货物运输的托运、收运、运输及到达交付等各环节的业务知识和规定，以及危险货物运输的常识。

学习目标

知识目标：了解民航货物运输的特点；了解民航货物运输的重量和体积的限制、机舱地板承受力和垫板的要求；了解民航货物运输的全过程各环节的操作；了解特种货物运输的规定和操作要求；了解民航危险货物的种类和简单的运输要求。

技能目标：比较民航货物运输与旅客运输的异同；正确区分不同机型对货物重量和体积的限制；区分货物托运书和货运单；能根据不同货物进行简单的运费计算；能根据特种货物运输的规定判断运输操作正确与否；能正确进行危险品的分类。

素质目标：守住安全底线，坚定安全至上的主人翁责任感。

📖 **案例导入**

亚洲首个专业货运枢纽机场
——鄂州花湖机场建成投运

"全球第四个、亚洲第一个"专业货运枢纽机场——鄂州花湖机场，于2022年7月17日正式投运并进行货机、客机首航。

上午11时35分，一架顺丰航空波音767–300全货机搭载着一批快件，由鄂州花湖机场飞往深圳宝安机场，标志着鄂州花湖机场正式投运。

鄂州花湖机场坐落于湖北鄂州市临空港经济区燕矶镇，距离武汉市中心76公里，紧邻长江黄金水道，周边环绕着7大深水港、4条快速路、2条高速路、6条高铁线。从这里出发，1.5小时飞行圈可覆盖全国90%的经济总量，旅客托运货物一夜能达全国，隔日可连世界。机场定位为货运枢纽、客运支线、公共平台、货航基地。近期规划目标为2025年货邮吞吐量245万吨。它将成为以货运为主的国际航空货运枢纽、以国际航空货运为主的多式联运中心、全球航空物流的重要节点、中国航空快递连接世界的重要门户。

（资料来源：光明网－《光明日报》.）

任务一 了解民航货物运输的特点和基础知识

一、民航货物运输的特点

民航货物运输是众多货物运输方式中的一种，与其他运输方式相比民航货运有着明显的优势，当然也存在不足。下面我们简要介绍民航货物运输的特点。

（一）运输速度快

民航货物运输使用当今民用运输中速度最快的工具——飞机，现代的大型

民航运输机能以 900 千米 / 小时左右的速度巡航飞行。速度快是民航货运的最大优势和主要特点，十分适合如海鲜、鲜花、活体动物等易腐性强、对运输时间要求严格的货物的运输。

（二）货物损坏率低

由于民航运输的安全性和高价值性，民航货运地面操作流程的各个环节要求及管理都十分严格，与其他运输方式相比，货物的破损率大大降低。加之飞机大部分时间在平流层飞行，颠簸较少，提高了货物运输的安全性。目前越来越多的客户把体积较大、重量较重的精密机械产品也委托了民航运输，因为这类货物易撞损。

（三）长距离运输性好

现在的大型民航机都可以做到长距离不间断飞行，2007 年年底交付的空客 A380 可以完成不经停的环球飞行。与其他运输方式相比，在相同的时间内民航运输可以实现最大的跨度，这一优势特别是在洲际和跨洋运输中更为显著。一批货物从中国飞到英国通常需要 17 个小时，而采用远洋运输等方式则需要 20 天左右。

（四）节省仓储成本

因为民航运输的方便、快捷，可以极大地提升生产企业的物流速度，从而节省企业存货的储存费用、保管费用和积压资金利息的支出，加快产品流通速度，加快企业资金周转速度。有很多高价值的电子产品采用民航运输就是看重了这一优势。

（五）运价高、载量小

运价高是由于民航货运采用了高运输成本的飞机作为载运工具，这是不可优化的。民航货运价格往往是海运价格的十倍以上，因此通过民航运输的货物经常是高附加值的产品。

载运量小是由飞机的性能所决定的，受飞机设计和制造工艺的限制，为了达到适航要求，飞机不能太大。目前投入商用的最大民航机 B747-400 的全货机最大载重为 119 吨。

（六）易受恶劣天气限制

民航运输为了保障安全飞行，对天气的要求较高。遇到暴雨、台风、浓雾、大雪等恶劣天气，航班就无法正常执行，会带来民航货运的不正常，尤其对时间要求较高的鲜活易腐货物影响更大。

二、民航货物运输基础知识

（一）货物的重量和体积

由于飞机的地板采用的材料所能承受的压力有限制，加之飞机货舱和行李舱是有一定标准规格的，因此对民航运输的货物的体积及单位重量有一定限制性条件，具体要求如下：

（1）最小体积：除新闻稿件类货物以外，其他货物的体积长、宽、高之和不得少于 40cm；

（2）非宽体飞机载运的货物：每件货物重量一般不超过 80 千克，体积一般不超过 40cm×60cm×100cm；

（3）宽体飞机载运的货物：每件货物重量一般不超过 250 千克，体积一般不超过 100cm×100cm×140cm；

（4）超过以上重量和体积的货物，承运人可根据机型及出发地和目的地机场的装卸设备条件，确定收运货物的最大重量和体积。超过以上规定者称为超大超重货物。

（二）机舱地板承受重量及垫板面积

1. 机舱地板承受重量

货物压在机舱地板上的重量就是机舱地板所承受的重量，在承运货物特别是承运体积小重量大的货物时，要注意机舱地板每平方米面积所承受的重量是否超过机舱地板每平方米的额定最大负荷（即地板承受力）。如果超过而又没有垫板时，就不得承运。

机舱地板每平方米所承受货物的重量，可按下列公式算出：

$$地板每平方米所承受货物的重量（千克）= \frac{货物重量（千克）}{货物底部面积（平方米）}$$

2. 垫板面积

货物的重量超过机舱地板承受力时，应有 2~5 厘米厚的木板垫底，否则会压坏飞机。垫底木板需要多大的面积才符合要求，可按下列公式求出：

$$垫板面积（平方米）= \frac{货物重量（千克）}{机舱地板承受力（千克 / 平方米）}$$

（三）货物计重的一般规定

1. 货物重量按毛重计算

毛重——指货物及其包装的合计重量。

净重——指货物除去包装的重量，即货物本身净有的重量。

2. 货物的计重单位为千克

重量不足 1 千克的尾数四舍五入。每张航空货运单的货物重量不足 1 千克时，按 1 千克计算。贵重物品按实际毛重计算，计重单位为 0.1 千克。

3. 每千克的体积超过 6000 立方厘米的货物称为轻泡货物

轻泡货物按体积折算计费重量，即每 6000 立方厘米折合 1 千克。折算方法：按照货物的最长、最宽、最高部分，以厘米为单位（厘米以下四舍五入）度量尺寸、计算体积，而后除以 6000 立方厘米，得出千克数，尾数四舍五入，即为计费重量。

4. 货物重量的确定

货物重量一律由承运人过秤。成批货物如采用标准包装的可抽件过秤。

5. 衡器使用注意事项

衡量货物重量的工具称为衡器（通常指使用的各种磅秤）。衡器是否准确对确定货物重量、计收运费，甚至对飞行安全都有直接影响。

（四）国内民航货运的五种形式

国内民航货运的五种形式分别为：（1）普通运输；（2）急件运输；（3）特

种运输;(4)包机和包舱运输;(5)货主押运。

三、民航快递业务

民航快递业务是适应经济内在发展规律的一种新型运输方式,随着经济的发展,这种运输方式越来越受到消费者的欢迎,下面简要介绍相关业务。

民航快递,是指具有独立法人资格的企业将进出境货物或物品从发件人所在地通过自身或代理网络运达收件人的一种快速运输方式,主要通过民航运输完成中间主要运输环节。民航快递业务可分为快件文件和快件包裹两大类。快件文件以商务文件、资料等无商业价值的印刷品为主,也包括金融单证、商业合同、照片、机票等;快件包裹又称小包裹服务,包裹是指一些贸易成交的小型商品、零配件的返厂维修及采用快件运送方式的一些进出口货物和商品。

(一)民航快递运输方式

从大类上主要可以归纳为:国际快递、国内快递两类。

国际快递是指国与国之间的以商业文件和包裹为运送对象的一种快速运送方式。国际快递主要分为3类:门到门、门到机场、专人派送。

1.门到门服务

发件人需要发货时打电话给快递公司,快递公司接到电话后,立即派专门人员到发件人处取件。快递公司将取到的所需发运的快件根据不同的目的地进行分拣、整理、核对、制单、报关。利用最近的航班,通过航空公司(大型快递公司有自己的全货机,如:Fedex、UPS、DHL)将快件运往目标地点。发件地的快递公司通过传真、E-mail、QQ、微信等即时通信工具将所发运快件有关信息(航空运单及分运单号、件数、重量等内容)通告中转站或目的站的快递公司。快件到达中转站或目的地机场后,有中转站或目的地的快递公司负责办理清关手续、提货手续,并将快件及时送交收货人手中,然后将快件派送信息及时反馈到发件地的快递公司,由公司通知发件人任务完成。

2.门到机场服务

运输服务只到达收件人所在城市或附近的机场。快件到达目的地机场后,

当地快递公司及时将到货信息通知收件人，收件人可自己办理清关手续，也可委托原快递公司或其他代理公司办理清关手续，但需额外交纳清关代理费用。采用这种运输方式的多是价值较高，或者目的地海关当局对货物有特殊规定的快件。

3. 专人派送

这种方式是指发件地快递公司指派专人携带快件在最短的时间内，采用最便捷的交送方式，将快件送到收件人手里。在一些比较特殊的情况下，为了确保货物安全、确保交货时间而采用这种方式。

国内快递是指主要在一个国家范围内进行经营快件的行为。我国很多快递公司的快件主要是在我国国内进行运输。

（二）民航快递的特点

（1）快递公司拥有完善的渠道；

（2）产品以文件和小包裹快递为主；

（3）使用特殊的交付凭证；

（4）整个流通环节采用全程监控；

（5）快递公司采用高度信息化管理。

任务二　了解民航国内货物运输

一、民航国内货物托运业务

民航国内货物运输因为其特殊性和安全敏感性，在其操作的每个环节都有严格规定和要求，下面我们分别从货物托运、货物包装和货物标志三个方面做简要介绍。

（一）货物托运的一般规定

按照中国民航管理部门的相关规定，对民航国内货运运输提出了如下八条规定：

（1）托运人托运货物一般应在民航营业时间到航空公司市内货运营业处或承办航空货运业务的航空代理公司货运部办理（目前以代理公司渠道为主）。如果货主要托运大量、超大、超重、大批贵重易碎以及需要特殊照料和时间条件要求高的运送货物，托运人可要求按约定时间在机场办理（目前以代理公司上门收货为主）。

（2）货主托运货物凭本人居民身份证或者其他有效身份证件，填写货物托运书，向承运人或其代理人办理托运手续。如承运人或其代理人要求出具单位介绍信或其他有效证明时，货主也应予以配合。

（3）托运政府规定限制运输的货物以及需办理公安和检疫等手续的特种货物，均应随货物附相关有效证明文件。

（4）托运货物的重量、体积、包装、标记均应符合民航行业规定。

（5）在货物中不得夹带政府禁止运输或限制运输的物品及危险品。

（6）每张货物托运书只能托运到一个地点一个收货人的货物。

（7）属于下列情况者不能用同一张货物托运书托运：

a. 运输条件不同，如急救药物和普通货物；

b. 不同运价的货物，如活体动物和普通货物。

（8）个人托运的物品，必须在货物托运书上详列物品的内容和数量。

（二）货物包装的一般规定

货物包装对保证货物运输的途中安全、免受破损有十分重要的意义。民航货物运输具有中转频繁、装卸次数较多和兼空中飞行与地面运送为一体等多重特点，为了保证飞行安全、运输质量和操作便利，货运工作人员应认真执行货物包装的有关规定，并根据货物的性质、大小、轻重、形状、中转次数、气候以及飞机装载等条件，要求发货人选用适当的材料及包装方法，进行妥善包装（目前以代理公司提供合适包装为主）。

1. 包装基本要求

民航货物包装要求要基本做到"坚固、完好、轻便"。

（1）货物包装要求坚固、完好、轻便，要求达到一般运输过程中能防止包装破裂，内件漏出散失；防止因垛码、摩擦、震荡或因气压、气温变化而引起货物损坏或变质，伤害人员或污损飞机、设备及其他物品。

（2）包装的形状除应适合货物的性质、状态和重量外，还应当便于地勤人员搬运、装卸和堆放，包装外部不能有凸出的棱角及钉、钩、刺等。包装要清洁、干燥、没有异味和油腻。

（3）在特定条件下承运的货物，如鲜活易腐货物等，其包装应符合对该类货物特定的要求。

（4）凡用密封舱飞机运送的货物，不得用带有碎屑、草末等材料做包装，包装内的衬垫材料不得外露，以免堵塞飞机相关设备。

（5）货物包装内不准夹带禁止运输或限制运输的物品、危险品、贵重物品、保密文件和资料等。

（6）对包装不符合要求的货物，应要求发货人改进或重新包装后方可承运。

2. 对几类常见货物的包装要求

（1）液体货物：不论瓶装、罐装或桶装，内部必须留有 5%~10% 的空隙，必须封盖严密，容器不得渗漏。用玻璃容器盛装的液体，每一容器的容量不得超过 500 毫升，并要外加木箱，箱内用衬垫和吸附材料填塞妥实，防止晃动。每件重量不得超过 25 千克。

（2）粉状货物：用袋盛装的，最外层要有保证粉末不漏出的包装，如塑料涂膜编织袋或玻璃纤维袋等，容量不得超过 50 千克；用硬纸桶、木桶、胶合板桶盛装的，要求桶身不破，接缝紧密，桶盖密封不漏，桶箍坚固结实；用玻璃瓶装的，每瓶容量不得超过 1 千克，并要外加纸箱或木箱，箱内用衬垫材料填塞妥实。

（3）精密易损、质脆易碎货物：每件毛重以不超过 25 千克为宜，并根据货物的易损程度，分别采用以下包装方法：

a. 多层次包装，即货物＋衬垫材料＋内包装＋衬垫材料＋运输外包装。

b. 悬吊式包装，即用几根弹簧或绳索，从箱内各个方面把货物悬置在箱子中，如大型电子管、X 射线管等。

c. 防倒置包装，即将容器做成底盘大，箱盖有手提把坏或屋脊式箱盖等；不宜平放的玻璃板、挡风玻璃等必须用防止平放的包装方可承运。

d. 显像管的包装应用足够厚的塑料泡沫或其他衬垫材料围裹严实，外加坚固的瓦楞纸箱或木箱，箱内物品不得晃动。

e. 捆扎货物用的绳索的强度应以能承受货物的全部重量为准，用手提起整件货物时，绳索不致断开。

（4）裸装货物、不怕碰压的货物，如轮胎等，可不用包装。但在下列情况下，如不易清点件数，形状不规则或容易碰坏飞机的货物，仍应有绳索、麻布包扎或外加包装。

（5）贵重物品除满足以上包装条件外，外包装应加装"#"字形铁腰。

（三）货物标记的一般规定

货物标记是指贴挂或书写在货物外包装上的发货标记、货物标签和指示标志的总称。货物标记对准确地组织货物运输，防止差错事故发生，提高运输质量起着关键作用。

根据相关文件规定，货物标记主要有以下三类。

1. 发货标记

发货标记是指在外包装上由托运人书写的有关事项和记号等，包括以下内容：

（1）货物到达地点，收货人名称、地址；

（2）货物出发地点，发货人名称、地址；

（3）货物特性和储运注意事项；

（4）货物批号、代号等。

如包装表面不便于书写，可写在纸板、木牌、布条上再钉、拴在包装外。以上各项应与货物托运书所写的相符。

2. 货物标签

货物标签是指标有货物的起讫地点、货运单号码、件数、重量的纸制标记。货物标签的内容应与货运单所写的相符。货物标签有两种：

（1）粘贴用的软纸不干胶标签，适用于可黏附的货物包装。

（2）悬挂用的硬纸货物标签，适用于不宜使用软纸标签的货物包装，可拴挂在布包、麻袋、编织袋、箩筐等包装上。

3. 指示标志

指示标志是标明货物特性和储运注意事项的各类标记。指示标记可分为"包装储运指示标志"和"危险货物包装标志"两类。它们的图形、名称、尺寸、颜色由国家统一规定，适用于水、陆、空运输，发货人和承运人均须按照国家规定的标准制作和使用。

（1）包装储运指示标志：此类标志适用于在储运中有防湿、防震等特殊要求的货物的外包装，如"防湿""小心轻放"等，其作用是要求有关人员按标志的要求进行操作，达到运输安全和保护货物完整的目的。

（2）危险货物包装标志：此类标志适用于危险货物的外包装，如"易燃品""放射性物品"等。其作用是要求有关人员按照危险货物的特性进行操作，预防发生危险事故。

二、民航国内货物收运业务

（一）货物收运原则

保证重点、照顾一般、合理运输是民航国内货运运输收运业务的基本原则。

（1）要保证重点。对于中央文件、报刊及纸型、新闻图片、新闻稿件、紧急的新闻影片、电视片、录音录像带及与重要活动有关的物品；政府指定运输的物资，抢险救灾物资和急救药品；援外物资，驻华使领馆的物品及与外事活动有关的急需物品；国防、工农业生产及科研急需物品务必要调配运力确保安全、及时运输。

（2）要按运力承运：航空公司应根据各机场运输能力，按货物的性质和急缓程度，有计划地收动货物。如果有特定条件及时限要求和大指量的联程货物，航空公司必须预先安排好联程中转舱位后，才能收运。如果遇特殊情况，如政府政策改变、发生自然灾害、战争停航或者货物严重积压时，航空公司可暂停收运货物。

（3）要执行法令和规定：凡是国家法律、法规和有关规定禁止运输的物质，严禁收运；凡是限制运输的物品，一定要符合规定的手续和条件后，方可收运。需经主管部门查验、检疫和办理其他手续的货物，在手续未办妥前不能收运。

（二）货物收运前的检查项目

为了确保收运的货物符合相关民航运输规定，在收运前要对货物进行相关项目检查。

（1）查验货主的身份证件是否真实有效。凡国家限制运输的物品，必须查验国家有关部门出具的准许运输的有效凭证。

（2）检查货物品名与货物是否相符，严防假报品名，夹带禁运品、危险品和其他违法物品。

（3）对不常见的货物品名要查证清楚，避免将危险品误作普通货物收运。

（4）检查货物的重量与体积是否超过相关规定限制。

（5）检查货主托运货物的包装，不符合运输要求的货物包装，须经货主改善后方可办理收运。航空公司对货主托运货物的内包装是否符合要求，不承担检查责任。

（6）对收运的货物应当进行安全检查。对收运后24小时内装机运输的货物，一律实行开箱检查或者通过相应安检仪器检测。

（7）检查包装上的发货标记与货物托运书中填写的内容是否一致，如有错误或遗漏，应请货主更正或补充，没有发货标记的货物不予收运。

（三）货物收运程序

货物收运的一般流程为:（托运人）填写托运书—（承运人）清点货物件数—过秤重量—填制货运单—计算运费—收取运费—贴挂标记—填写交接清单—编制销售日报。

1.清点货物件数
如件数不符，应请货主在货物托运书上更正。

2.过秤计重
货物过秤后在货物托运书的重量栏内填写重量。如是轻泡货物，应分别填

明货物的计费重量和实际重量。

3.填制货运单

根据货物托运书的内容填制货运单，并在货物托运书上填写货运单号码。

4.计算运费

根据货物重量按公布的货物运价和收费规定计算运费，并将金额填写在货运单相关栏内。

5.收取运费

向货主收取运费，款数点清后将货运单托运人联交给货主。

6.贴挂标记

根据货运单填写货物标签，并将标签和应贴的指示标志贴挂在货物包装的指定位置。

7.填写交接清单（仓单），将货物和货运单及时入库或转运机场货栈

交接单一式两份，由仓库保管员核对签收，无误后双方签字。一份由仓库保管员留存，一份由收货柜台留存。

8.编制销售日报

根据货运单编写销售日报，连同货运单财务联及运费送交财务部门。

（四）货物运送的一般规定

根据进出港货物运量、货物特性，货物分别移送至符合储存条件的仓库暂时存放。民航国内货物运输的发运顺序应根据货物性质来确定，大体顺序如下：

（1）抢险、救灾、急救、外交信袋和政府指定急运的物品，纸型、电视片、录像带、稿件、样品、展品、急救药品、鲜活等；

（2）指定日期、航班和按急件收运的物品；

（3）有时限、贵重和零星小件物品；

（4）国际和国内中转联程货物；

（5）普通货物按照收运先后顺序发送。

知识拓展 7-1

航班货物吨位管理及运输路线安排

（五）货物到达与交付的一般规定

货物到达和交付是货物运输的最后环节，同时也是重要一环，如果不谨

慎容易产生漏件错件，因此要求到达站应迅速、准确地办理提货通知和货物交付，以便收货人及时使用。具体相应业务如下：①货物到达；②通知提货；③提货手续；④货物交付程序；⑤货物保管期限与保管费。

（六）货物运输变更的一般规定

有时货主会对已托运的货物提出下列要求，包括始发站退运、中途站停运、将货物运回始发站、变更目的站、变更收货人等，我们统称为运输变更。航空公司在承运货物后，由于机场关闭、航班中断等原因致使货物不能按时空运至目的地，应征得货主同意后作某种变更，这也属于货物运输变更。不论何种原因、何种情况，货物运输变更的运费，统一由出发站向货主结算，有关站办妥有关手续后，应及时通知出发站，以便结算。

三、民航国内货物运输标准凭证

（一）货物托运书

货主托运货物，应先填写货物托运书一份，并对所填写事项的真实性与正确性负责，在托运书上签字或者盖章。货物托运书应使用钢笔、圆珠笔书写，有些项目如名称、地址、电话等可盖戳印代替书写。字迹要清晰易认，不能潦草。航空公司在检查确认货物托运书填写内容符合要求，以及货物符合托运的一般规定后，方可受理。

（二）货运单

货运单与货物托运书共同构成货物的运输凭证，它由货主或者货主委托航空公司填制，是航空公司与货主之间为在该航空公司运营航线上承运货物所订立合同的依据，同时也是办理货物运输的依据，还是计收货物运费的财务凭证。

民航货物运输标准凭证如表 7-2-1 和表 7-2-2 所示：

表 7-2-1 航空托运书

始发站 Airport of Departure		目的站 Airport of Destination		航空货运单号码 Air Waybill No.			
托运人姓名、地址、邮编、电话号码 Shipper's Name，Address，Postcode & Telephone No.				784– 安全检查 Safety Inspection			
收货人姓名、地址、邮编、电话号码 Consignee's Name，Address，Postcode & Telephone No.				填开代理人名称 Issuing Carrier's Agent Name			
航线 Routine	到达站 To	第一承运人 By First Carrier		到达站 To	承运人 By	到达站 To	承运人 By
航班 / 日期 Flight/Date		航班 / 日期 Flight/Date		运输声明价值 Declared Value for Carriage		运输保险价值 Amount of Insurance	
储运注意事项及其他 Handing Information and Others							
件数 No. of Pcs. 运价点 RCP	毛重 （千克） Gross Weight （KG）	运价 种类 Rate Class	商品 代号 Comm. Item No.	计费重量 （千克） Chargeable Weight	费率 Rate /KG	航空 运费 Weight Charge	货物品名（包括包装、尺寸 或体积）Description of Goods （incl. Packaging，Dimensions or Volume）

预付 Prepaid		到付 Collect	其他费用 Other Charge	
	航空运费 Weight Charge		本人郑重声明：此航空货运单上所填货物品名和 货物运输声明价值与实际交运货物品名和货物实 际价值完全一致，并对所填航空货运单和所提供 的与运输有关文件的真实性和准确性负责。 Shipper certifies that description of goods and declared value for carriage on the face hereof are consistent with actual description of goods and actual value of goods and that particulars on the face hereof are correct. 托运人或代理人签字、盖章 Signature of Shipper or His Agent	
	声明价值附加费 Valuation Charge			
	地面运费 Surface Charge			
	其他费用 Other Charge			
	总额（人民币） Total（CNY）		填开日期 填开地点 填开人或代理人签字、盖章 Executed on（Date）At（Place） Signature of Issuing Carrier of Its Agent	
付款方式 Form of Payment				

表 7-2-2　航空货运单

784-70565675　　　　　78470565675

始发站 Airport of Departure		目的站 Airport of Destination	不得转让 NOT NEGOTIABLE 航空货运　单　航空公司中文名称 AIR WAYBILL　航徽　英文名称				
托运人姓名、地址、邮编、电话号码 Shipper's Name，Address，Postcode & Telephone No.			印发人 ISSUED BY　地址、邮编 航空货运单一、二、三联为正本，并具有同等法律效力 Copies 1，2 and 3 of this Air Waybill are originals and have the same validity.				
收货人姓名、地址、邮编、电话号码 Consignee's Name，Address，Postcode & Telephone No.			结算注意事项及其他 Accounting Information 填开代理人名称 Issuing Carrier's Agent Name				
航线 Routine	到达站 To	第一承运人 By First Carrier	到达站 To	承运人 By	到达站 To	承运人 By	
航班／日期 Flight/Date		航班／日期 Flight/Date	运输声明价值 Declared Value for Carriage		运输保险价值 Amount of Insurance		
储运注意事项及其他 Handing Information and Others							
件数 No. of Pcs. 运价点 RCP	毛重 （千克） Gross Weight （KG）	运价 种类 Rate Class	商品 代号 Comm. Item No.	计费重量 （千克） Chargeable Weight	费率 Rate /KG	航空 运费 Weight Charge	货物品名（包括包装、尺寸 或体积）Description of Goods （incl. Packaging，Dimensions or Volume）

预付 Prepaid		到付 Collect	其他费用 Other Charge	
	航空运费 Weight Charge		本人郑重声明：此航空货运单上所填货物品名和 货物运输声明价值与实际交运货物品名和货物实 际价值完全一致，并对所填航空货运单和所提供 的与运输有关文件的真实性和准确性负责。 Shipper certifies that description of goods and declared value for carriage on the face hereof are consistent with actual description of goods and actual value of goods and that particulars on the face hereof are correct.	
	声明价值附加费 Valuation Charge			
	地面运费 Surface Charge			
	其他费用 Other Charge		托运人或代理人签字、盖章 Signature of Shipper or His Agent	
	总额（人民币） Total（CNY）		填开日期 填开地点 填开人或代理人签字、盖章 Executed on（Date）At（Place） Signature of Issuing Carrier of Its Agent	
付款方式 Form of Payment				

四、民航国内货运运费

（一）货运运费构成

民航国内货运运费大体包括航空运费、声明价值附加费、货运杂费等。

1. 航空运费

航空运费是指货物从始发地机场运至目的地机场之间的航空运输费用，不包括机场与市区之间或同一城市两个机场之间的航空公司及代理人向货主收取的地面运输费及其他费用。

航空运价分为公布运价和折扣运价（根据货主提出的条件使用不同的运价）。不论何种运价的货物，每张货运单的航空运费不足人民币十元的，或按最低计费重量5千克计算出的运费，两者取其高者收取，称为货物的最低运费。如一件包装内有不同运价的货物，则整件包装的货物均按高运价计收运费。航空运费按每千克运价乘货物的计费重量而得。

运费 = 运价 × 计费重量

2. 货物声明价值附加费

货物声明价值附加费是指货主托运货物，毛重每千克价值在人民币20元以上的，可办理声明价值，并按规定收取声明价值附加费。货物声明价值≤50万元/票，声明价值附加费=（声明价值 − 实际重量 × 20）× 0.5%。已办理托运手续的货物要求变更时，不退还声明价值附加费。

3. 货运杂费

航空公司在运输过程中可以收取地面运输费、保险费、超限费、保管费、退运手续费等货运杂费。地面运输费是指使用民航车辆在机场和市内货运处之间运送货物的费用，按实际使用次数收取。保险费是按货物的易损程度和价值确定的。超限费一律以重量计费，当托运人托运的货物单件重量超过80千克时收取。退运手续费是指已托运的货物在运输前停止运输应收的费用。

（二）货物运费收取的一般规定

（1）填制货运单后，如遇运价调整，运费多不退，少不补。发货人如有异议，可按货物退运处理，按新运价重新托运。

（2）货物运费应在承运时一次收清。

（3）确有需要定期结账的个别单位，经承运人同意后签订协议，运费可以记账，但最少应每月结算一次。记账的货运单，应在出票人联上加盖"记账"的戳记。

（4）货物运费除托运人与承运人有协议外，一般都按支付规定处理。

（5）货物运费以角为单位，角以下四舍五入。

（三）货运包舱和包机运费的规定

1. 包舱运费（包用集装箱、集装板）

包舱运费＝提供的吨位（最大业载）×适用的运价（普通货物按适用运价的150%，特种货物按适用运价的225%）。

2. 包机运费由三部分组成

（1）包机费：包机机型的每公里费率×计费里程；

　　　　　　　包机机型的每小时费率×计费小时。

（注：两者比较取高）

（2）调机费：调机每公里费率×计费里程（包机机型的每公里费率的80%、85%）。

（3）留机费：留机每小时费率×计费小时。

（注：两小时内不收费，之后每半小时计费；包机机型的每小时费率的20%）

五、特种货物运输业务

特种货物是指那些在收运、储存、保管、运输及交付过程中，因货物本身的性质、价值、体积或重量等条件需要采取特殊措施，给予特殊处理的货物。主要包括以下几种：活体动物、贵重物品、鲜活易腐货物、超大超重货物、新闻材料、骨灰及灵柩、危险物品。以上各类货物都需要采取不同的特殊处理过程，否则将会危害到飞机、旅客以及机组人员的安全，下面我们分类逐一做简单介绍。

（一）活体动物

由于航空运输的特点，活体动物的运输在整个航空运输中占有非常重要的地位。它不同于其他货物，活体动物对环境的变化很敏感，种类繁多又各具特性，给运输工作带来很多麻烦。因此，作为工作人员应了解各类动物的特征，以使活体动物的运输顺利地进行。

1. 活体动物的相关特性

（1）活体动物在运输过程中对遇到的陌生环境本能地感到害怕，货主和航空公司要尽量减少环境对活体动物的刺激，放置容器也应做到既能约束动物又有足够的空间，让动物感到舒适、安全。

（2）运输时间在 24 小时内可不必给动物喂食，但喂水是必要的，应尽量避免在运输前突然给活体动物喂过量食物，造成其胃口不适及粪便过度。

（3）雄性动物在雌性动物面前会变得烦躁易怒。若同时收运雌雄动物时，应将其隔离放置。

（4）有些母兽也会给其仔兽带来危险，同时收运时也应将其隔离放置。

（5）在压力下动物的特性是不可预知的，有些动物有很强的攻击性，应把它们分开放置，避免它们相互撕咬，同种类、同年龄、同性别的群居动物可放在相互隔离的一组容器内。

2. 活体动物的运输要求

（1）活体动物的容器要牢固，以防止动物的逃逸。动物在禁闭的环境中会本能地努力逃离和摆脱困境，当动物的本性无法施展时会变得更凶猛，因此需要非常牢固的容器。

（2）装载活体动物的容器应有防止粪便外溢的装置。运输会导致活体动物有更多的排泄，因此容器底部必须有漏孔并附有吸附作用的材料。也可将底部制成格栅状，下面设置盛装液体的底盘，可使排泄物通过格栅落入底盘。

（3）过低或过高的温度会影响动物，应保证动物不受气流的影响。把动物置于大风或强冷空气中会致其丧命，因此，除了提供调温设备外，还应有抗寒装置。活体动物也不能暴露于过热的环境中，比如强烈的太阳光中，以防止动物脱水或中暑。

（4）互为天敌的动物不能装在一起。检疫动物与非检疫动物应分开放置。

实验用动物不可放在其他动物旁边，来自不同地区动物也应隔离摆放，防止交叉感染。

3.活体动物的托运规定

（1）货主或其代理人对其所托运的活体动物应出具"活体动物托运证明"一式两份。一份交给收运货物的承运人，另一份同其他文件一起随货物运至目的站。"活体动物托运证明"应用英文填写，还应同时列明动物的普通名称以及专业名称。

（2）货主还应出具活体动物健康证明以及有关国家的进出口、转口许可证等文件。文件一式两份，一份附在货运单运往目的站；另一份可附在动物的容器外，以指导操作。

（3）动物容器应该是清洁、舒适的，并设有防漏和防逃逸装置，还应防止工作人员操作时受到伤害。

（4）标记与标贴：托运人应在每只活体动物容器上用清晰、持久的字迹注明与货运单一致的收货人姓名，以及所在街道和城市的名称。每只动物容器上至少应贴有一张国际航协的活体动物标贴和"向上"标贴。

（5）运输前安排：活体动物被允许交运以前应订妥所需吨位。若需要多个航空公司联运时应获得所有参加方对所订吨位及运输路线的确认，否则拒绝收运。在操作过程中应使用代号"AVI"，否则会误认为是食品。

（6）货运单：货运单上的品名栏内应同时标明动物的普通名称和专业名称。活体动物不可与其他货物同用一张货运单。

（7）活体动物交付空运时，应首先了解下列内容：动物的种类、特性、繁殖情况、性别、年龄、体重；动物运输时的状况，有无怀孕、是否已断奶等；容器是否符合规定；所使用机型有无对活体动物的限制；需要的吨位数；货舱的条件：通风状况、气流方向、冷暖设备等；地面装卸和地面运输时的气候情况；是否要求托运人派人押运；有些时候，某些国家禁止进口来自有地方性传染病的动物；有些国家机场海关周末不办公，应避免在这段时间到达那些国家。

案例分享 7-1

活体动物运输

（二）贵重物品

贵重物品是指每千克申报价值超过1000美元（450英镑）的货物，可分

为以下几类：

（1）金锭、混合金、金币和各种形状的黄金制品；

（2）白金或白金类稀有贵重金属和各种形状的合金制品，但上述金属和合金的放射性同位素不包括在内，而属于危险品，应按有关危险物品运输规定办理；

（3）现钞、证券、股票、旅行支票、邮票及银行发行的各种卡和信用卡；

（4）钻石（含工业用钻石）、红宝石、绿宝石、蓝宝石、蛋白石、珍珠（含人工养殖）及以上各种质地的珠宝饰物；

（5）珠宝和金、银、铂的手表；

（6）金、铂制品。

因此，检验货物是不是贵重物品，只需用货主根据商业发票向航空公司声明的商品价值除以该货物的实际毛重即可。如果所声明的价值非美元时，只需将其用银行汇率换算成美元即可。为了确保贵重物品安全运输，要求其包装应坚固完好，不得有任何破损迹象，最好装在木制或铁制的箱内，必要时外面用"#"字形铁条加固。包装上应有货主的封志，如蜡封、铅封等，并且封志的数量要足够，封志上要有货主的名称、地址，而且必须与货运单上一致。

在贵重物品的运输过程中要严格遵守以下要求：

（1）货运单上必须写明货主和收货人确切的姓名与地址；

（2）货运单上应注明始发站机场的全称；

（3）货运单的品名栏内必须注明贵重物品字样；

（4）贵重物品不可与其他货物混用一份货单。

（三）鲜活易腐物品

鲜活易腐物品是指在装卸、储存和运输过程中，由于气温变化和运输延误等因素可能导致其变质或失去原有价值的物品。此类货物归属于紧急货物，常见的鲜活易腐物品有鲜花、植物、水果、蔬菜、冰冻/新鲜的肉类、干冰、未感光胶片、正在孵化的禽蛋。

运输鲜活易腐物品时，要求在货运单上的"货物品名"栏内标明鲜活易腐物品字样"PERISHABLE"。每件鲜活易腐品的外包装上应贴有国际航协的"鲜活易腐品"标贴以及"向上"的标贴。

在运输鲜活易腐品时必须做到以下六点要求：

（1）收运鲜活易腐品的数量取决于机型以及飞机所能提供的调温设备。机上应小心存放，到达目的站后应迅速处理以便尽早交付收货人。

（2）承运前必须查阅 TACT 规则本关于各个国家对鲜活易腐物品进出口及转口的运输规定。

（3）航空公司一般需花较长时间去计划此类物品的运输，因此货主交运此类货物之前必须订妥所需的吨位。

（4）运输鲜活易腐货物应安排直达航班。如果一定要由多个航班转运时，必须获得所有关联航空公司关于订妥吨位及选择运输路线的确认，否则不可接受非直达航班运输的鲜活易腐货物。

（5）一旦吨位订妥，必须马上通知收货人有关托运的细节，以便其做好提取货物的准备。

（6）承运前还应查阅 TACT 规则本有关航空公司对鲜活易腐品的承运规定。

（四）超大超重货物

由于货物的形状和重量各不相同，是否能够运输，主要取决于航空公司所提供的机型及装卸设备是否达到相关货物运输的需求。"超大货物"一般是指需要一个以上的集装板才能装下的货物，这类货物的运输需要特殊处理以及装卸设备（升降机等）；"超重货物"一般情况下是指每件超过 150 千克的货物，但最大允许货物的重量主要还取决于飞机机型（地板承受力）、机场设施以及飞机在地面停站的时间。

案例分享 7–2

超大超重货物运输

超大超重货物的运输规定如下：

（1）每件超大超重货物必须事先确定体积重量，以便让航空公司事先做好一切安排，航空公司对未预订妥吨位的超大超重货物不承运。

（2）超大超重货物，例如大型机器、设备、汽车、钢材等，由于它们的体积和重量较大，一般不需包装，因此操作时必须要有相应设备。一般情况下，货物应固定或放在距地面一定距离的平台上，以便装卸车辆操作。

（3）确保货物内不含有危险性的物品，例如电池、燃油等。如果有此类物

品，应按国际航协有关危险品运输规定处理。

（4）货物重量、体积受到每种飞机机型的最大载量、机舱容积、舱门大小的限制。

任务三 了解民航危险货物运输

一、危险货物的分类

对于任何运输方式来讲，危险货物都是高风险高利润的项目，通过民用航空器来完成的运输更是如此。在高度重视安全的民航运输中，对危险货物的运输业务要求更是严格。危货运输涉及的危险物品种类繁多，性质各异，危险程度参差不齐，有的还相互反应，大多数具有多重危险性。为了其储存、运输的安全，国际航空运输协会根据各种危险物品的主要特性进行分类并制定了《危险物品规则》将危险物品分为九大类二十小项，具体内容如下：

（一）第一类爆炸物品

1.1 项——具有整体爆炸危险性的物品和物质；

1.2 项——具有抛射危险性，但不具整体爆炸危险性的物品和物质；

1.3 项——具有起火危险性、较小的爆炸和（或）较小的抛射危险性，但不具爆炸危险性的物品和物质；

1.4 项——不存在显著危险性的物品和物质；

1.5 项——具有整体爆炸危险性而敏感度极低的物质；

1.6 项——不具有整体爆炸危险性且敏感度极低的物品。

（二）第二类 气体

2.1 项——易燃气体；

2.2 项——非易燃、非毒性气体；

2.3 项——毒性气体。

（三）第三类 易燃液体

（四）第四类 易燃固体、自燃物质和遇水释放易燃气体的物质

4.1 项——易燃固体；

4.2 项——自燃物质；

4.3 项——遇水释放易燃气体的物质。

（五）第五类 氧化剂和有机过氧化物

5.1 项——氧化剂；

5.2 项——有机过氧化物。

（六）第六类 毒性物质和传染性物质

6.1 项——毒性物质；

6.2 项——传染性物质。

（七）第七类 放射性物质

（八）第八类 腐蚀性物质

案例分享 7-3

不幸中的万幸

（九）第九类 杂项危险物品

二、危险货物的运输要求

知识拓展 7-2

不同的危险货物有着不同的运输要求和条件，日常工作中一定要谨慎处理，辨别货物所属种类，按照手册要求完成航空运输，下面我们逐一加以介绍。

航空危险品标签及操作标签

（一）爆炸物品

爆炸物品是指在外界（如受热、撞击等）作用下，能发生剧烈的化学反应，短时间产生大量气体和热量，导致周围压力急剧上升，发生爆炸，从而对周围环境造成破坏的物品。包括不具有整体爆炸危险，但具有燃烧、抛射及较小爆炸危险，或仅产生热、光、响声或烟雾等一种或几种作用的烟火物品。爆炸物品通常化学性质非常活泼，在受到摩擦、撞击、震动或遇明火、高热、静电感应或与氧化剂、还原剂接触都有发生爆炸的风险。

确定某种货物是否属于爆炸物品，以及万一爆炸后所产生的破坏效应是航空运输中的难点问题。专家通过研究得出用热敏感度、冲击敏感度和爆炸速率这三个主要参数来决定某种货物的爆炸风险。

（1）敏感度又称"感度"，是指爆炸物品在外界的作用下，发生剧烈化学反应的难易程度。爆炸物品需要外界提供一定量的能量才能触发爆炸反应，外界提供的能量又称起爆能，通常以引起爆炸反应的最小外界能量来表示。因此引起某爆炸物品爆炸所需的起爆能越小，则该爆炸品的敏感度越高，危险性越大。

（2）冲击敏感度是指引起爆炸物品反应要求的最小冲击力。起爆能有多种能量形式，不同的爆炸物品所需的起爆能的大小是不同的，同一爆炸物品对不同形式的起爆能的感受程度也是不同的。例如 TNT 在缓慢加压的情况下，它可以经受几千千克压力也不爆炸，但在瞬间技击情况下，即使冲击力很小，也会引起爆炸。

（3）爆炸速率是指爆炸发生的时间性长度，速率越快危险性越高。

由于民航运输的特殊性，绝大多数的爆炸品通常禁止航空运输。民航客机只能运输 1.4S 的爆炸品。

下面简单介绍三种常见的爆炸物品：

1. 弹药

凡是在金属或其他材料壳体内填装炸药或化学药剂等爆炸物质，在战斗中对敌人进行杀伤、破坏或达到其他战术目的的产品称为弹药。按照发射装药与弹丸连接方式，将弹药分为：定装式，即发射药全部装在药筒内，并且与弹丸连成一个整体，如中、小口径榴弹；分装式，即发射药全部装在药筒或药包内，在运输、保管和射击装填时均与弹丸分开进行，可改变装药量，如大口径火炮炮弹。

2.硝化棉（硝化纤维素）

硝化棉，学名硝化纤维素，被广泛应用于火工、造漆等行业，摄影胶片、乒乓球都用它做原料。硝化棉不仅易燃且易分解，随着温度的升高，分解加速，超过40℃时会自燃，故常用水或酒精润湿保存。

3.烟花爆竹

烟花爆竹大都是以氧化剂（如氯酸钾、硝酸钾、硝酸钡等）与可燃物质（如木炭、硫黄、赤磷、镁粉等）加上着色剂（如钠盐、钡盐、铜盐等）、黏合剂（如酚醛树脂、松香、糯糊等）为主体的物质，按不同用途装填于泥、纸、绸质的壳体内。其组成成分虽然与爆炸品相同，而且还有氧化剂成分，本应是很敏感很危险的，但因大部分产品用药量甚少，最多占30%，其余部分多为泥土、纸张等杂物，故具有较好的安全性。但如其包装不妥或对其爆炸性认识不足，在生产、运输、燃放过程中，爆炸伤亡事故时有发生，要绝对禁止旅客夹带烟花爆竹上飞机。

（二）气体

《危险物品规则》中气体的含义是指在50℃下，蒸汽压高于300KPa或在20℃标准大气压101.3 KPa下完全处于气态。体积、压强和温度是描述气体状态的重要物理量，在常温（20℃）常压（1atm）下，气体的体积很大，无法进行包装和运输，但经过压缩或降温加压处理后，可以将其贮存于耐压容器或特制的高绝热耐压容器或装有特殊溶剂的耐压容器中。

恒温下增大压强，体积缩小，此过程称气体的压缩，处于压缩状态的气体叫作压缩气体。如果在对气体进行压缩的同时进行降温，压缩气体就会转化为液体，此过程称气体的液化，处于液化状态的气体叫作液化气体。

气体只有在温度降低到一定程度时，再增加压强才能被液化。若温度超过此值，则无论怎样增大压强都不能使气体液化。这个温度叫作临界温度。也就是说，临界温度是加压使气体液化所允许的最高温度。在临界温度时，使气体液化所需的最小压强叫作临界压强。不同的物质，其临界温度不同，临界压强也不同。几种常见气体的临界温度和临界压强如表7-3-1所示。

表 7-3-1　常见气体的临界温度和临界压强

气体名称		临界温度（℃）	临界压强（大气压）
氦气	He	−267.9	2.3
氢气	H_2	−239.9	12.8
氖气	Ne	−228.7	25.9
氮气	N_2	−147.1	33.5
氧气	O_2	−118.8	49.7
甲烷	CH_4	−82.1	46.3
一氧化碳	CO	−138.7	34.6
乙烯	C_2H_4	9.7	50.7
二氧化碳	CO_2	31.0	72.9
乙烷	C_2H_6	32.1	48.8
氨气	NH_3	132.4	111.3
氯气	Cl_2	143.9	76.1
二氧化硫	SO_2	157.2	77.7
三氧化硫	SO_3	218.3	83.8

　　某些液体对某种气体有特大的溶解能力。例如氨、氯化氢可以大量溶解在水里，乙炔可以大量溶于丙酮中。利用这个性质可以储运某些不易液化或压缩的气体。例如在乙炔钢瓶内填充多孔性物质，再注入丙酮，然后将乙炔加压输入使之溶解在丙酮中。这种溶解在溶剂中的气体称为溶解气体。

　　下面我们介绍气体类的危险性：

　　（1）易燃气体即指在 20℃标准大气压 101.3KPa 下的气体与空气混合，含量不超过 13% 时可燃烧，或与空气混合燃烧的上限与下限之差不小于 12 个百分点的气体。燃烧需要氧气，空气中含有五分之一的氧气即可助燃。可燃性物质浓度太低或太高，燃烧都不能进行。可燃气体或可燃液体的挥发气与氧气混合后又遇火花引起燃烧爆炸的浓度，称为该物质的爆炸极限，也称燃烧极限，用可燃物占全部混合物的百分比浓度来表示，最低浓度称燃烧下限，最高浓度称燃烧上限，上限与下限之差称为燃烧区间。燃烧下限越低或燃烧区间越大，则其燃烧的可能性越大即越易燃，越危险。

（2）非易燃无毒气体，即在20℃下，压力不低于280KPa，遇明火不燃，无毒性，无腐蚀性，但有氧化性和窒息性。然而不燃是相对的，有些在高温下也可燃，所以储运时要遵守氧化剂的各项要求和规定。

（3）毒性气体，其毒性或腐蚀性可危害人体健康，对人畜有强烈的毒害、窒息、灼伤、刺激作用，有些还具有易燃性和氧化性。

以上三类气体的危险性具体表现为：

（1）物理爆炸：运输中的气体以压缩、液化、溶解气体的形式灌装于耐压容器中，由于受热、撞击或容器被腐蚀、容器材料疲劳等原因，都会引起容器的破裂甚至爆炸。

（2）化学毒害：有的气体易燃易爆，有的有毒，有的具腐蚀性或强氧化性等，泄漏或物理爆炸后，气体的这些性质会危及人畜和飞机的安全。

下面简单介绍三种常见的运输气体：

1. 氢气（H_2）

氢气是最轻的气体，无色、无味，极难溶于水，临界温度为−239.9℃，临界压力为1297KPa。纯净的氢气在空气中易燃烧，火焰为无色或淡蓝色，燃烧温度可达2500~3000℃，可作焊接用。液态氢可作火箭和航天飞机的燃料。氢气的爆炸极限为4.1%~74.2%，与卤素、硫等会剧烈反应。极易扩散和渗透，液氢与皮肤接触能引起严重的冻伤或烧伤。

2. 氧气（O_2）

氧气无色、无味、微溶于水，空气中氧气占21%。氧气本身不燃，但能助燃，与其他有机物或其他易氧化物质能形成爆炸性混合物，如与油脂接触会反应生热，蓄积到一定程度可自燃。储存氧气的钢瓶不得与油脂、酸、还原剂、可燃物、易燃易爆物品配装。用钢瓶装压缩氧，可用肥皂水检查是否漏气。

3. 氯气（Cl_2）

氯气是一种黄绿色的剧毒气体，有强烈的刺激气味。氯气可液化成液氯，溶于水成氯水，常用做自来水消毒剂。氯气的氧化性很强，能与许多化学品如乙炔、乙醚、燃料气、烃类、氢气、金属粉末等剧烈反应发生爆炸。氯气对眼睛、呼吸道黏膜有很强的刺激性。

（三）易燃液体

易燃液体，指在闭杯闪点试验中温度不超过 60.5℃，或者在开杯闪点试验中温度不超过 65.6℃时，放出易燃挥发气的液体、液体混合物、固体的溶液或悬浊液。如油漆、清漆、磁漆等，但不包括危险性属于其他类别的物质。

下面简单介绍三种常见的易燃液体：

1. 汽油

汽油是轻质石油产品中的一大类，其主要成分是低碳（7~12）烃类混合物，为水状芳香味挥发性液体，闪点 -43℃（指航空汽油）。其挥发气能与空气形成爆炸性混合物，通明火、高热、强氧化剂有引起燃烧的危险。

2. 乙醇（CH_3CH_2OH）

纯乙醇的沸点为 78.5℃，闪点 13℃。乙醇与水无限共溶，含其他物质的非纯乙醇有相应的名称，其危险特性与纯乙醇不完全相同，所以托运时必须按正确名称办理。食用酒不属危险物品，但也不能任意携带。

3. 苯（C_6H_6）

苯，又称"天那水"，英文名称 Benzene，相对密度（0.8794<20℃>）比水轻，且不溶于水，因此可以漂浮在水面上。苯的熔点是 5.51℃，沸点为80.1℃，燃点为 562.22℃，在常温常压下是无色透明的液体，并具强烈的特殊芳香气味。苯遇热、明火易烧燃、爆炸。经常接触苯，皮肤可因脱脂而变干燥、脱屑，有的出现过敏性湿疹。长期吸入苯可能导致再生障碍性贫血。

（四）易燃固体、自燃物质和遇水释放易燃气体的物质

燃烧是一种放热、发光的剧烈的氧化反应。燃烧必须具备三个条件：①有可以燃烧的物质（即燃料）；②有助燃剂（通常指空气）；③有着火源（或热量）。可燃物遇火源而发生的持续燃烧现象，叫作着火。可燃物遇火源开始持续燃烧所需要的最低温度叫作燃点。燃点越低，说明越容易着火，火灾的危险性也越大。燃烧的速度取决于可燃物本质的组成、性质和供氧条件，如果可燃物含碳量高、还原性强，供氧充分，那么燃烧就快。

1. 易燃固体

在正常运输的情况下，容易燃烧或摩擦容易起火的固体，容易进行强烈的

放热反应的自身反应及其相关物质，以及不充分降低含量可能爆炸的经减敏处理的爆炸品定义为易燃固体。

2. 自燃物质

自燃物质，指在正常运输条件下能自发放热，或接触空气能够放热，并随后起火的物质。自发放热物质发生自燃现象，是由于与氧气发生反应并且热量不能及时散发的缘故。该类物质在放热速度大于散热速度而达到自燃温度时，就会发生自燃。

3. 遇水释放易燃气体的物质

泛指与水接触放出易燃气体（湿时危险）的物质，这种物质与水反应易自燃或产生足以构成危险数量的易燃气体。某些物质与水接触可以放出易燃气体，这些气体与空气可以形成爆炸性的混合物。这样的混合物极易被一般的火源引燃，例如设置的灯、会发出火花的手工工具或未加保险装置的灯泡。产生的爆炸冲击波和火焰既会危及人的生命又会破坏环境。

下面简单介绍三种常运的易燃固体、自燃物质和遇水释放易燃气体的物质：

1. 红磷、硫黄及磷的硫化物

红磷（又名赤磷）是磷的同素异形体，红磷为紫红色无定形正方板状结晶或粉末，无毒、无味，其比重 2.2，熔点 590℃（43 个大气压），416℃升华；不溶于水、二硫化碳和有机溶剂，微溶于无水酒精；燃点为 200℃，自燃点为 240℃。

硫黄很容易研磨成粉末，比重 2.07，熔点 114.5℃，自燃点约 250℃。硫在空气中燃烧生成 SO_2。

磷的硫化物是 P（磷）和 S（硫）共热产物，以 P_4 为基础的有 P_4S_3、P_4S_5、P_4S_7、P_4S_{10} 均为浅黄色固体。

2. 硝化纤维塑料

硝化纤维塑料俗称赛璐珞，主要成分是硝化棉、樟脑和酒精。比重 1.4，加热到 95~120℃时，质软有可塑性，易加工；受热到 140℃则不透明，180℃时起火；次品在 100℃时即起火。在潮湿不通风条件下可导致起火，造成火灾和中毒事件。

3. 电石（CaC_2）

它是灰色的不规则的块状物，比重 2.22，有强烈的吸湿性，能从空气中吸收水汽而发生反应，放出乙炔气体，与水相遇反应更剧烈。

$CaC_2+2H_2O=Ca（OH）_2\downarrow+C_2H_2\uparrow$ 放出的大量热量能很快达到乙炔的自燃点而起火燃烧，甚至爆炸。

（五）氧化剂和有机过氧化物

氧化剂是指自身不一定可燃，但可以放出氧气而有助于其他物质燃烧的物质。氧化剂在遇酸性、受热、受潮或接触有机物、还原剂后即有分解放出原子氧和热量，引起燃烧或形成爆炸性混合物的危险。氧化剂一般都具有不同程度的毒性，有的还具有腐蚀性。

有机过氧化物指含有二价过氧基—O—O 的有机物。有机过氧化物遇热不稳定，它可以放热并因而加速自身的分解。此外，它们还可能具有下列中一种或多种特性：易于爆炸分解；迅速燃烧；对碰撞和摩擦敏感；与其他物质发生危险的反应；损伤眼睛。

下面简单介绍三种常运的氧化剂和有机过氧化物：

1. 硝酸钾（KNO_3）

硝酸钾又称为"钾硝石""火硝"，呈无色透明晶体或粉末状，比重 2.109，易溶于水，遇热分解放出氧。当硝酸钾与易燃物质混合后受热甚至轻微的摩擦冲击都会迅速地燃烧或爆炸。黑火药的主要成分就是硝酸钾、碳粉、硫粉等。

2. 氯酸钾（$KClO_3$）

氯酸钾呈白色晶体或粉末状，味咸、有毒，比重 2.32，在 400℃时能分解放出氧。因包装破损，氯酸钾撒漏在地后被践踏发生火灾的事故时有发生。氯酸钾与硫、碳、磷或有机物（如糖、面粉）等混合后，经摩擦、撞击即爆炸，热敏度和撞击感度都比黑火药灵敏得多。

3. 过氧化钠（Na_2O_2）和过氧化氢（H_2O_2）

过氧化钠和过氧化氢均含有过氧基—O—O，易放出氧原子，因未能结合生成氧气的氧原子具有极强的氧化性。过氧化钠与水、酸、空气中的二氧化碳等能反应生成氧，所以它的包装必须非常严密。

过氧化氢俗称双氧水，纯净的过氧化氢为无色浆状液体。20℃时比重为1.438，熔点 -89℃，沸点 151.4℃。与水任意混溶。3% 的双氧水溶液在医药上用于消毒。市售及运输的浓度在 20%~60%，高浓度的过氧化氢溶液中需加入稳定剂。运输过程中应避免受热、震动，包装容器必须耐压。

（六）毒性物质和传染性物质

毒性（有毒的）物质指在吞入、吸入或皮肤接触后，进入人体可导致死亡或危害健康的物质。要判断毒性物质毒性的大小，需要做如下毒性试验：

（1）经口毒性：用一批体重为 200~300 克的成年雌雄（各半）白鼠进行试验，在 4 天内致使白鼠死亡半数的一次入口毒物剂量，叫作急性经口毒性的 LD_{50}，单位为 mg/kg 体重。

（2）皮肤接触毒性：用毒性物质接触白家兔的裸露皮肤，持续 24 小时后，在 14 天内致使家兔死亡半数的一次使用毒物的剂量，叫作急性皮肤接触毒性的 LD_{50} 单位为 mg/kg 体重。

（3）吸入毒性：用一批体重为 200~300 克的成年雌雄（各半）白鼠进行试验，使它们连续吸入有毒的粉尘、气雾或蒸气达 1 小时，在 14 天内致使白鼠死亡半数的吸入物质的浓度叫作急性吸入毒性的 LD_{50}，单位为 mg/kg 体重。

传染性物质指含有已知或公认对人类或动物能引起疾病的微生物的物质，包括细菌、病毒、立克次氏体、寄生菌、真菌、重组细胞、杂化体和突变体。

根据世界卫生组织制定的划分标准，传染性物质可分为四个危险等级：

（1）Ⅳ级危险（单个与团体均易感染）：指能引起人类或动物严重疾病的微生物。传播的危险性很大，通常没有有效的预防和治疗办法。

（2）Ⅲ级危险（单个易感染，团体感染性小）：指能引起人类或动物严重疾病的微生物。传播的危险性很大，但通常可采取有效的预防和治疗方法。

（3）Ⅱ级危险（对单个的传染性一般，对团体的危害性有限）：指能引起人类或动物发病的微生物。没有传播的可能性，通常可采取有效的预防和治疗办法。

（4）Ⅰ级危险（单个与团体感染性均小）：指不能引起人类或动物发病的微生物。

传染性物质的运输需经有关的卫生检疫机构的特许，其中绝大多数可以航

空运输。人类和动物使用的活疫苗应视为生物制品而不是传染性物质。

下面简单介绍三种常运的毒性物质：

1. 苯胺（C_6H_7N）

苯胺为无色透明油状液体，有特殊气味，极易挥发，易溶于有机溶剂，所以很容易经皮肤和呼吸道吸收。它有很强的污染性，不溶于水，经冲洗不易彻底清除。它毒性不大，大鼠口服 LD_{50} 442mg/kg，但严重中毒会出现头痛、昏睡、呼吸困难、神志丧失（轻微中毒的早期症状口唇、鼻尖、耳郭等呈蓝紫色），如不迅速治疗会导致死亡或留下严重后遗症。

2. 硫酸二甲酯 $C_2H_6O_4S$/（CH_3）$_2SO_4$

硫酸二甲酯为无色油状液体，比重 1.35，其挥发气密度 4.4，沉在空气底部极易被人吸入，因无味而毫不知觉。它有强烈的刺激性和腐蚀性，是一种特殊的毒性物质。对人眼、黏膜、皮肤及神经系统都能产生严重的毒害。皮肤接触后会形成极难愈合的溃疡，神经中毒会发生意识紊乱。这是因为它进入人体内后吸收人体水分，水解成硫酸和甲醇，在这两者的腐蚀和毒害双重作用下产生上述症状。

3. 砷及其化合物

砷的俗名为砒，呈灰色、黄色或黑色的金属状晶体，纯的未被氧化的砷是无毒的，不纯的砷俗称砒霜，有剧毒。砷的氧化物及对应酸和盐、氢化物大都具有毒性，不少是极毒物质。砷及其化合物可用做药物或杀虫剂等。

（七）放射性物质

放射性物质为特定活度大于 70kBq/kg（0.002μCi/g）的任何物品或物质。它能自发和连续地放射出某种类型辐射物质，这种辐射对健康有害，但却不能被人体的任何感官（视觉、听觉、嗅觉、触觉等）觉察到。这些辐射也作用于其他物质（特别是未显影的照相底片和未显影的 X 光胶片），而且它们可用合适的仪器探测与测量。

按照放射性比活度或安全程度，放射性物质可分为五类：

1. 特殊形式放射性物质

指不会弥散的固体放射性物质或装有放射性物质的密封盒。密封盒只有被破坏才能被打开，而且至少有一边尺寸不少于 5 毫米，其设计及性能必须符合有关试验。

2. 低比度放射性（LSA）

指其本身的活度有限或适于使用估计的平均活度限值的放射性物质。确定估计的平均活度时不考虑周围的外屏蔽材料。

3. 表面污染物体（SCO）

指本身没有放射性，但其表面散布有放射性物质的固态物体。

4. 裂变物质

指铀 -233、铀 -235 或它们之中的任意组合。不包括未经辐照过的天然铀和贫化铀，以及仅在热反应堆中辐照过的天然铀或贫化铀。

5. 其他形式放射性物质

指特殊形式以外的放射性物质。

（八）腐蚀性物质

腐蚀是指物质在环境的作用下引起的破坏或变质，主要指由于发生化学反应或电化学反应而使物质的表面受到破坏，如金属的腐蚀、铁的锈蚀就是常见的例子。

腐蚀性物质，指如果发生渗漏情况，由于产生化学反应而能够严重损伤与之接触的生物组织，或严重损坏其他货物及运输工具的物质。腐蚀性物质接触人的皮肤、眼睛或进入呼吸道，就立即与表皮细胞组织发生反应，使细胞组织受到破坏，造成烧伤。呼吸道消化道的表面黏膜比人体表皮更易受腐蚀。内部器官被烧伤时，严重的会引起炎症（如肺炎等），甚至造成死亡。例如，氨水溅入眼睛可能引起失明，浓硫酸使皮肤和组织脱水碳化而变黑，浓碱能溶解丝、毛和动物组织等。

腐蚀性物质会腐蚀金属的容器、车厢、货舱、机舱及设备等，也会腐蚀木材、布匹、纸张和皮革等。例如泄漏的盐酸和烧碱对货舱的腐蚀是非常危险的。

各种腐蚀性物质接触不同物质发生腐蚀反应的效应及速度不同，可根据其性质分为以下三个等级：

（1）Ⅰ级（危险性较大的物质）：使被测物质与完好的动物皮肤接触，接触时间不超过 3 分钟，然后进行观察，观察时间为 60 分钟。在观察期间内，

皮肤被破坏的厚度达到100%，则被测物质应定为Ⅰ级；

（2）Ⅱ级（危险性中等的物质）：使被测物质与完好的动物皮肤接触，接触时间超过3分钟而不超过60分钟，然后进行观察，观察时间为14天。在观察期内，皮肤被破坏的厚度如达到100%，则被测物质应定为Ⅱ级；

（3）Ⅲ级（危险性较小的物质）：使被测物质与完好的动物皮肤接触，接触时间超过60分钟而不超过4小时，然后进行观察，观察时间为14天。在观察期内，皮肤被破坏的厚度如达到100%，则被测物质应定为Ⅲ级。

下面简单介绍三种常运的腐蚀性物质：

1. 硫酸（H_2SO_4）

纯硫酸是无色无臭透明黏稠的油状液体。由于纯度不同，颜色有无色、黄色至黄棕色，有时还是浑浊状。稀硫酸具有酸的一切通性，能腐蚀金属，中和碱，与金属氧化物和碳酸盐作用。

浓硫酸具有吸水性、脱水性、氧化性等特性，表现为它遇水会放出高热而引起飞溅或爆炸；接触人体皮肤、黏膜和组织出现化学灼伤；与许多物质（如木屑、稻草、纸张、电石、高氯酸盐、硝酸盐、苦味酸盐、金属粉末等）会发生猛烈反应而引起燃烧或爆炸，同时有毒性物质产生。所以，浓硫酸不宜与任何其他物质配载。

2. 硝酸（HNO_3）

硝酸是透明、无色或带黄色有独特的窒息性气味的腐蚀性液体。其危险性主要表现在强腐蚀性（强氧化性）和伴随生成毒性气体氧化氮（NO）或二氧化氮（NO_2），以及对人体产生化学灼伤。硝酸能与多种物质（如金属粉末、电石、硫化氢、松节油、醋酸、丙酮、乙醇、硝基苯）猛烈反应，发生爆炸。与木屑、棉花或其他纤维素产品等接触引起燃烧。人体皮肤、黏膜和组织接触硝酸会引起化学灼伤，表现为皮肤变黄、眼睛和肺部发炎等。

3. 甲醛（HCHO）

纯甲醛是有强烈刺激性气味的无色气体，其37%~40%的水溶液俗称福尔马林。甲醛溶液容易气化，蒸汽易燃，爆炸极限为7%~72%。蒸汽能刺激呼吸系统和眼睛，高浓度下长时间停留会产生催泪效应以及支气管炎、肺水肿、结膜炎等症状。液体与皮肤接触，能使蛋白质凝固，触及皮肤硬化甚至局部组织坏死。长期接触能使皮肤造成裂口，发生肿瘤，特别在指甲周围较易生瘤。医学上用福尔马林浸泡尸体，免遭细菌的侵袭而起到防腐作用，这是利用甲醛能凝固蛋白质这一特性。

（九）杂项危险物品

杂项危险物品指不属于以上任何一类而在航空运输中具有危险性的物质和物品，其中包括：

1.其他限制物质

指具有麻醉性、令人不快或其他类似性质的、能使旅客或飞机机组人员极端烦躁或感觉不适的液体或固体。

2.磁性物品

为航空运输而包装好的任何物品，如距离其包装件外表面任一点 2.1 米处的磁场强度不低于 0.159A/m（0.002 高斯），即为磁性物品。

3.高温物质

指运输的或交运的温度等于或高于 100℃（212℉）而低于其闪点温度的液态物质，以及温度等于或高于 240℃（464℉）的固态物质。

4.杂项物质或物品

如石棉、干冰、危害环境的物质、救生器材、内燃机、聚合物颗粒、电池动力设备或车辆、连二亚硫酸锌等。

案例分享 7-4

飞机发动机的运输

以上只是对民航危险货物运输进行的简要介绍。为了保障运输的安全，在进行危险货物运输操作时还应严格遵守相关专业规定。

思考与练习

1. 简述民航货物运输的特点并比较与民航旅客运输的异同。

2. 民航货物运输的重量和体积有哪些限制？

3. 什么叫机舱地板承受力？当货物重量超过机舱地板承受力时能否办理货物运输？

4. 简述货物运输的包装要求。

5. 比较货物托运书和货运单的使用。

6. 货物收运原则是什么？

7. 举例说明货物运费的计算。

8. 举例说明特种货物运输的规定。

9. 危险货物运输有哪些类型？举例说明不同类型危险货物运输的规定。

学习效果检测

扫描下方二维码，检测你的学习效果。

07

学习检测

实训与分享

以小组为单位，请选择一家货运航空公司进行研究，不限于网上搜集信息、实地考察、询问专业人士等，内容形式不限。请各调研小组把调研结果以 PPT 方式展示分享。

　　本项目简要介绍民用航空运输飞机客舱设备和应急设备的基本知识，从旅客和乘务员使用的角度使读者对客舱设备和应急设备的使用、运行与管理有一个简单的认识。

　　知识目标：了解客舱设备的种类，客舱设备的运行与管理；了解客舱设备管理与乘务员专业能力的要求；了解客舱设备的种类及使用要求；了解客舱应急设备的种类及使用要求。

　　技能目标：比较客舱设备与应急设备的区别，能区分旅客用设备以及机组人员使用设备；能区分驾驶舱设备和客舱设备的种类。

　　素质目标：敬畏职责，培养民航人的职业操守。

📄 案例导入

庆幸！虚惊一场！

　　2018 年 7 月 10 日，国航执飞香港至大连的 CA106 航班，在广州区域上空，副驾驶误把空调组件关闭，导致座舱高度告警，机组按紧急释压程序进行处理，释放了客舱的氧气面罩。在飞机下降到 3000 米后，机组发现情况不对，就恢复了空调组件，增压恢复正常，并于 22 时 31 分在大连机场安全降落。事件发生后，民航局对此非常重视，迅速组织相关部门对此事进行了调查。调查

结果显示，该事件系因副驾驶吸电子烟引起，副驾驶为防止烟味弥漫到客舱，在没有通知机长的情况下，错误关闭了与循环风扇相邻的空调组件，导致客舱氧气不足，出现座舱高度告警。

飞机上有两套循环系统——循环风和循环氧。如果烟雾进入到循环中，会造成防火报警系统出现故障，误认为着火了会引发报警、仪表失常，会危及航空运营。

（资料来源：综合网络相关新闻整理．）

任务一　了解客舱设备运行与管理

一、客舱设备概述

民用航空器的客舱主要由驾驶舱、前乘务员服务舱、旅客头等舱、旅客公务舱、中乘务员服务舱、旅客经济舱和后乘务员服务舱组成。驾驶舱、乘务员服务舱根据不同机型设计有所不同，旅客座位也因飞机的大小不同排列也不一样。客舱中的盥洗室分别位于前、中、后乘务员服务舱的附近，紧靠乘务员工作室。

一般而言，飞机上直接与飞行相关的设施主要包括：驾驶舱内的正、副驾驶员座椅，旅客舱内的旅客座椅以及机上乘务员座椅，衣帽间、储藏室和包括分舱板、侧舱板、天花板、顶部行李箱、座椅面罩和地毯在内的客舱内装饰，厨房柜，机组人员与旅客应急撤离和救生设备，盥洗室，供水系统与污水处理系统等。这些设备和设施根据用户的要求，可以有各种不同的布局和数量。

二、飞机客舱各区域的设备分布

驾驶舱内除了各种飞行所需的仪表和设备外，还备有石棉手套、救生斧、救生绳、手电筒、手提式氧气瓶、手提式灭火器、救生衣、防烟面罩、防烟眼镜。

乘务员服务舱内分为服务区域和乘务员座位。服务区域内有烤箱、烧水杯、烧水器、断路器、长短餐车、加水表、洗手池和垃圾箱。乘务员座位附近存放着许多重要的紧急设备和客舱控制系统，如氧气面罩、旅客广播/内话系统、旅客娱乐系统、客舱照明系统、救生衣、乘务员座椅、乘务员安全带、手电筒、防烟面罩、麦克风、定位发报机、手提式灭火器、手提式氧气瓶、客舱记录本、衣帽间等。

客舱旅客区域内设有旅客座椅、安全带、小桌板、呼唤铃、通风口、氧气面罩、阅读灯、救生衣、遮光板、行李架、安全须知、清洁袋、紧急出口、急救药箱、灭火瓶、氧气瓶、娱乐播放器和音响喇叭。

盥洗室配备的设备有氧气面罩、呼唤铃、烟雾探测器、马桶污水处理系统、洗手池、垃圾箱、婴儿板和摆放卫生纸、擦手纸、香皂的空间。

三、客舱设备管理与乘务员专业能力

在民航乘务员国家职业标准中，对乘务员的专业能力的要求大部分和客舱设备管理的内容紧密相关，每个操作环节都涉及客舱设备管理的内容。详细要求见表 8-1-1。

表 8-1-1　乘务员工作内容与技能及知识要求

职业功能	工作内容	技能要求	相关知识
一、客舱服务	（一）旅客登机前准备	1. 能检查经济舱、厨房、洗手间等服务设施状况 2. 能检查经济舱食品、酒水、卫生等服务用品配备状况 3. 能检查经济舱卫生状况	1. 预先准备程序及要求 2. 服务设施检查标准 3. 服务设施管理标准及要求 4. 清舱规定
	（二）起飞前准备	1. 能迎接旅客并引导入座 2. 能为旅客提供报纸、杂志 3. 能指导旅客摆放行李 4. 能操作客舱门分离器	1. 旅客行李物品存放与保管的要求 2. 特殊行李占座规定 3. 报纸、杂志分发要求 4. 分离器操作规定

职业功能	工作内容	技能要求	相关知识
一、客舱服务	（三）空中服务	1. 能在正常情况下进行两种语言广播 2. 能指导旅客使用客舱服务设施 3. 能保持客舱、厨房和洗手间清洁	1. 正常情况下广播要求 2. 服务设施操作规范 3. 客舱服务管理规定
	（四）餐饮服务	能为经济舱旅客冲泡茶水、咖啡	1. 烘烤餐食的方法和要求 2. 经济舱茶、咖啡冲泡的要求及方法
	（五）落地后管理	1. 能处理飞机滑行期间旅客站立、开启行李架等不安全行为 2. 能对客舱、厨房、洗手间进行清舱检查	1. 落地后安全管理规定 2. 客舱检查规定
二、安全保障	（一）应急设备检查与使用	1. 能识别应急设备标志及中英文名称 2. 能检查和使用灭火器、氧气瓶等应急设备 3. 能在正常和应急情况下开启、关闭舱门和应急出口	1. 应急设备标志 2. 应急设备中英文名称 3. 应急设备的使用和注意事项 4. 舱门和应急出口操作标准要求
	（二）安全介绍	能进行氧气面罩、救生衣等客舱安全演示	1. 客舱安全简介内容 2. 客舱安全演示规范动作的要求
	（三）安全检查	1. 能对旅客安全带系扣、行李架关闭等情况进行客舱安全检查 2. 能对经济舱客舱、厨房、洗手间设备进行安全检查	1. 客舱安全检查标准 2. 进、出驾驶舱的有关规定 3. 禁烟规定
三、应急处置	（一）失火处置	1. 能处置烧水杯失火 2. 能处置烤箱失火 3. 能处置洗手间失火	烧水杯、烤箱、洗手间失火处置方法
	（二）应急处置	1. 能进行陆地有准备的应急撤离 2. 能进行水上有准备的应急撤离 3. 能进行无准备的应急撤离	1. 应急撤离程序 2. 撤离时的指挥口令 3. 撤离后的工作程序

任务二　熟悉客舱设备的使用

一、旅客设备的使用

（一）旅客座椅

大多旅客座椅是可以调节的。调节时按压座椅扶手内侧的按钮便可将椅背向后倾斜 15 度，同时椅背也可向前压倒。但是部分靠近舱门和紧急窗口的旅客座椅是固定不能调节的。旅客座位之间的扶手是活动的，可以抬起和放下。我国飞机上紧靠客舱通道的座位扶手通常也是固定不动的，不过有些航空公司尤其是国外航空公司会要求选装所有活动的座椅扶手，

图 8-2-1　旅客座椅

以方便轮椅及残疾旅客使用。头等舱的旅客座椅增加了脚蹬的功能，加大了座椅向后倾斜的角度，而且在地板之间安装了滑轨可前后移动，加宽的座椅使旅客乘坐时更加舒适。

（二）安全带

在每个旅客座位上都装有安全带。当机上"系好安全带"指示灯亮起时，必须提醒旅客系好安全带。具体操作是拉出安全带，将一端的钢片插入另一端的锁扣中，解开时掀起锁扣一侧的连接片，拉出钢片即可。另外飞机上还备有加长的安全带，供特殊旅客使用。在配备加长安全带时，应注意检查确认安全带的型号与机上其他安全带的通用性。

图 8-2-2　安全带

（三）小桌板

小桌板固定在前排座椅的背后，可供旅客摆放物品、书写文档、进行就餐等。在飞机起飞和下降时要收起并固定小桌板。

（四）座位上方的服务面板

在旅客座位上方的服务板上备有呼唤铃、阅读灯、通风口和氧气面罩。呼唤铃供旅客发生紧急情况和需要提供帮助时呼叫乘务员使用。呼叫时按压呼唤铃，红色警示灯亮起，与服务员服务舱舱顶的蓝色警示灯同步显示。当乘务员完成服务后再次按压呼唤铃，红色警示灯会熄灭。阅读灯供旅客阅读时使用，尤其在夜间飞行或在飞机起飞降落时，由于客舱灯光被调暗，需要阅读的旅客可按压阅读灯按钮，阅读灯亮起，关闭时再次按压按钮即可。通风口用来调节空气，在天气过热或当旅客发生晕机、昏厥的时候，可将通风口顺时针旋转打开，对准旅客释放新鲜空气。氧气面罩是在客舱发生释压的情况下进行救助的吸氧设备。

（五）旅客行李架

在客舱顶部两侧各备有封闭式行李架。宽体客机除客舱两侧的行李架外，在客舱中部的旅客座位上方同样设有背靠背的两排行李架，供旅客摆放和固定行李。使用行李架时乘务员应注意确认行李架的安全锁锁住扣牢，以防飞机在起飞、下降或发生颠簸时行李滑落砸伤下方的旅客。同时旅客座位下方也可以摆放行李，但是在舱门和紧急出口处不能摆放任何物品。

（六）遮光板

遮光板与客舱的舷窗连接，用于遮挡阳光。但在飞机起飞和下降时必须将遮光板打开。

（七）救生衣

救生衣通常存放在旅客座椅下方或头顶的行李架内。当飞机进行水上迫降时，取出救生衣经头部穿过，将带子由后向前

知识拓展 8-1

乘机小常识

扣好系紧。待飞机停稳打开舱门离开机体时，拉动救生衣两侧的红色充气手柄充气，发生充气不足时，拉出救生衣两侧的充气管，用嘴向里充气。夜间迫降时注意拔掉救生衣下端的电池销，救生衣上的灯会自动发亮。为了在紧急情况下区分旅客和机组成员，机组人员救生衣的颜色为橘红色，旅客的为明黄色或黄色。

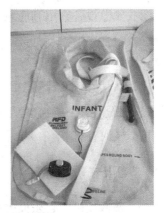

图 8-2-3　婴儿救生衣

（八）盥洗室

飞机的盥洗室位于客舱的前、中、后部。使用时从里面拴好，门外显示有人。乘务员在服务过程中要经常检查清理洗手间。洗手间内还备有氧气面罩和呼唤铃等紧急设备。当发生释压时，正在洗手间的旅客要立即拉下氧气面罩，坐在马桶上吸氧。当洗手间的呼唤铃被按压时，门外壁板右上方的琥珀灯和乘务员服务舱舱顶的警示灯同时同色亮起，当听到看到琥珀灯亮起时，乘务员要迅速去确认情况，帮助旅客。洗手间内的烟雾探测器可以探测烟雾和火灾。当洗手间内的烟雾或温度达到一定标准时，烟雾探测器会自动发出响亮的警报声，机组成员要立刻到达现场确认状况，及时处理。烟雾探测器安装在洗手间的天花板上，在正常情况下，烟雾探测器的指示灯显示绿色，发生报警时指示灯为红色。当烟雾或火灾排除后，警报声自动停止，指示灯恢复绿色。

（九）紧急出口

紧急出口也称翼上出口，位于客舱中部靠近机翼前后的位置。发生紧急情况时，客舱内所有的出口指示灯和通道指示灯会自动亮起，指引旅客从最近的出口撤离。操作时，乘务员应注意翼上出口外的现场状况，遵循开启原则，确认无烟、无火、无障碍物的情况下，自己或请求援助者帮助打开并抛出紧急出口，迅速拉出警示绳并挂在机翼上的小孔中，组织旅客快速撤离。

（十）安全须知

安全须知摆放在旅客座位前方的口袋内，上面有详细的设备介绍、机型介

绍、紧急设备介绍和应急处置的方法及图示。乘务员应提醒旅客尽早阅读。

（十一）清洁袋

清洁袋同安全须知一样摆放在旅客座位前方的口袋内。使用时取出清洁袋，撕开粘连，放置垃圾或呕吐物。乘务员要注意检查安全须知和清洁袋的数量，及时补充。

（十二）娱乐设备

普通飞机的娱乐设施只有音乐，由乘务员统一操作。新式更新的飞机机型备有无线通信系统可供旅客使用，并且客舱中或每个座位前还安装了视频装置，座椅扶手内侧装有耳机的插孔，旅客可收看、收听多个频道的节目。乘务员会在飞机平飞后发放耳机并在下降前回收耳机、关闭娱乐系统。

二、乘务员设备的使用

（一）乘务员座位附近的设备

1. 座椅

乘务员的座椅是自动折叠式的，当乘务员离开座位时座椅会自动叠起节省空间。乘务员座位大多靠近舱门和出口，发生紧急情况时叠起的座位可以留出更大的空间用于迅速撤离，同时在准备服务的过程中也可以节省空间。

图 8-2-4　氧气面罩

2. 氧气面罩

每个乘务员座位上方备有两个氧气面罩，发生释压时拉下面罩进行吸氧，使用方法与旅客的相同。

3. 旅客广播 / 内话系统

内话系统是机组与旅客之间进行通话的设备。根据不同的机型其内话系统的操作略有差异，但都具有乘务员与驾驶舱通话、各服务舱乘务员之间通话、驾驶舱和乘务员对旅客进行广播的功能。

4. 客舱照明系统

在内话系统的操作面板上还有客舱和厨房电源的控制按钮，可以控制客舱和厨房中的照明效果。在飞机起飞和下降过程中乘务员会调暗客舱灯光，服务时将客舱灯光全部打开，而在夜间飞行时只留下顶灯。乘务员回到座位后可以关闭厨房的部分灯，打开自己座位上方的阅读灯，但在起飞、下降时要关闭服务舱内的灯。乘务员登机后要注意检查操作面板上应急灯的正常显示。

5. 手电筒

每个乘务员座椅下方的柜子里都有一个机上手电筒。乘务员登机后要检查手电筒的电源，确认手电筒被固定在支架上，绿色显示灯亮表明充电完后可正常使用。机上手电筒只有在发生紧急情况、电源切断和迫降后才可使用。使用后要放回支架，手电筒会自动充电，并要登记在"客舱记录本"上。

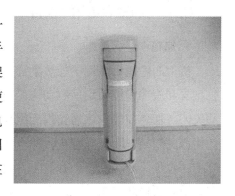

图 8-2-5　机载手电筒

6. 防烟面罩

防烟面罩供乘务员和机组人员在客舱封闭区域失火或出现浓烟时使用，可以保护灭火者的眼睛和呼吸道不受火和烟的侵害。防烟面罩的种类大致可以分为两种，即头部防烟面罩和至胸部的防烟面罩。防烟面罩的使用时间为 15 分钟左右，戴上面罩后只能通过面罩前部的送话器与外界联系。机组人员登机后要仔细检查确认防烟面罩的位置、数量、包装是否完好，使用完毕后要放回原位固定，并且要记录在"客舱记录本"上。

7. 麦克风

麦克风通常位于前后舱门内壁板中，是在飞机电源被切断、内话系统失灵或撤离时用来联系、组织机上人员的设备。使用时按压把手上的按钮对准话筒进行喊话。

8. 应急发报机

应急发报机是在飞机遭遇紧急情况时向外界发出求救信号的紧急设备。

9. 客舱记录本

客舱记录本仅用来登记、记录客舱设备的使用、损坏和发生的问题。此项工作通常由前舱的乘务员或乘务长完成，登记时要注明设备的使用情况、数量、种类、位置、名称等详细信息，以便机务人员快速准确地更换和修理设备。

10. 衣帽间

衣帽间位于乘务员服务舱附近，主要为机组人员和旅客挂放西服或大衣用的。开启和关闭时要注意扣好锁住门体。

（二）服务区域内的设备

1. 烤箱

机上的烤箱只能用于加热食物，通常不具备微波功能。烤箱的数量根据飞机型号和旅客座位而定。启动烤箱前要设定温度和时间，到达时间后烤箱会自动关闭。加热前应确认烤箱内无纸片、塑料、干冰等物品。严禁在烤箱内存放任何服务用品、用具和餐盒，并且注意不要将食物过近地靠在烤箱内的工作风叶上，以免风叶转动打破餐盒将食物卷入烤箱内机中引起火灾。在飞机起飞和着陆前必须切断烤箱电源。

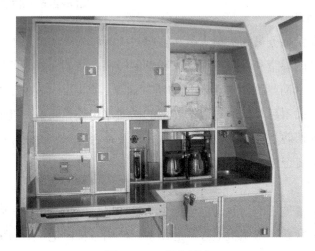

图 8-2-6　机上厨房

2. 断路器

断路器由若干个黑色按钮组成，用来控制服务舱内的各种电器服务设备。当飞机发生紧急情况时，要立即拉出全部断路器，切断电源。当情况恢复正常后，可将断路器按下重新接通电源。断路器自动跳出后，要仔细观察是否有意外，如确认没有意外，在断路器冷却 3 分钟后可恢复原位继续工作。当断路器再次跳出时，坚决不可再使用和恢复，并告知机长和乘务长，登记在"客舱记录本"上。起飞和降落时应切断断路器电源。

3. 烧水器和烧水杯

烧水器和烧水杯是用来加热饮用服务用水的设备。当烧水器上的绿色灯亮时，证明水已被烧开，沸水温度为 80℃，可以使用。当水温低于 80℃时，红色灯亮，需要等待加热。在使用烧水杯时注意先将杯体插入电源插座，然后再接通电源；加热完毕后也要先切断电源再拔出烧水杯。

4. 餐车

飞机上的餐车可以分为全车和半车。无论哪一种餐车，其功能都是用来存放各类食品、饮料、服务用品和用具的。使用长餐车服务时，必须有两人同时操作，餐车上摆放的食物不要过高过多；半餐车可由一人操作，服务过程中注意刹车的踩放。服务后要及时将餐车归位扣好，踩上刹车锁好车门。

5. 加水表

通常位于后服务舱辅助舱门的上方或左侧乘务员座位上方的控制板上，用来确认飞机载水量的多少。加水表有 5 个水位显示：E（无水）、1/4、1/2、3/4、F（满水）。按下水表中间的按钮，水表显示载水量。乘务员应在旅客登机前完成水表检查工作，确保飞行中的服务用水。

6. 垃圾箱

服务舱内的垃圾箱是乘务员用来投放垃圾的，使用前应先套上垃圾袋。

7. 洗手池

服务舱内的洗手池可供乘务员洗手和排放剩水，切记不可向里倒牛奶、咖啡、果肉饮料等。因为洗手池内连接的设备可以将水质物品气化然后排出机体外，而不是将污水储存起来带回地面处理，所以过浓或者带有杂质的物品进入洗手池后，因内机无法将其气化便会造成洗手池堵塞的严重后果。

任务三　熟悉机上应急设备

一、机上应急设备的种类

参见图 8-3-1。

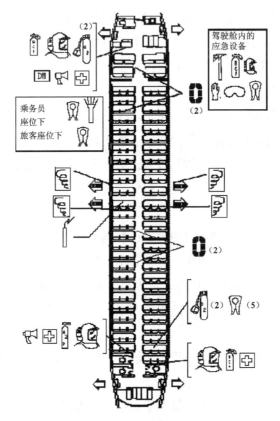

图 8-3-1　机上设备放置

二、机上应急设备的使用

（一）乘客的供氧系统（PAX Oxygen System）

1. 氧气面罩

氧气面罩位于每一排乘客座椅上方、卫生间马桶上方的天花板和乘务员座椅上方的氧气面罩储藏室内。氧气面罩是乘客用于吸氧的工具，当座舱高度达到 14 000 英尺时，氧气面罩会自动脱落。

2. 供氧方式

（1）自动方式：当客舱释压后，氧气面罩储藏室的门自动打开，氧气面罩自动脱落。

（2）电动方式：当自动方式失效或在任何高度层，操作驾驶舱内的一个电门，氧气面罩储藏门也能打开，氧气面罩脱落。

（3）人工方式：当自动和电动都无法打开氧气面罩储藏室的门时，可使用尖细的物品，如笔尖、别针、发卡等打开氧气面罩储藏室的门，使氧气面罩脱落。

（二）手提式氧气瓶（Portable Oxygen Bottle）

1. 结构（如图 8-3-2 所示）

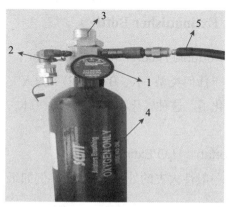

1—压力表　2—开关活门　3—压力调节器　4—氧气瓶体　5—氧气输出口

图 8-3-2　手提式氧气瓶

2. 容量和用途

手提式氧气瓶是在飞行中遇到突发的危重病人时或乘务员在紧急情况下使用。

氧气瓶上有两个氧气流量出口，这两个氧气流量出口分别为高流量出口和低流量出口。

（1）311 立升型氧气瓶：氧气流量为（HI）4 立升 / 分钟，可用 77 分钟；氧气流量为（LO）2 立升 / 分钟，可用 155 分钟。

（2）120 立升型氧气瓶：氧气流量为（HI）4 立升 / 分钟，可用 30 分钟；氧气流量为（LO）2 立升 / 分钟，可用 60 分钟。

（3）60 立升型氧气瓶：氧气流量为（HI）4 立升 / 分钟，可用 15 分钟；氧气流量为（LO）2 立升 / 分钟，可用 30 分钟。

（4）9700/9800 型氧气瓶：氧气流量为（HI）4 立升 / 分钟，可用 65 分钟；氧气流量为（LO）2 立升 / 分钟，可用 130 分钟。

（5）P/N5500-AIA-BF20B 型氧气瓶：氧气流量为（HI）4 立升 / 分钟，可用 30 分钟；氧气流量为（LO）2 立升 / 分钟，可用 60 分钟。

（6）P/N5500-CIA-BF20A 型氧气瓶：氧气流量为（HI）4 立升 / 分钟，可用 78 分钟；氧气流量为（LO）2 立升 / 分钟，可用 155 分钟。

（7）P/N5600-2CIA-Z20A 型氧气瓶：3 立升 / 分钟可用 99 分钟；

（8）P/N176965-31 型氧气瓶：4 立升 / 分钟可用 75 分钟。

（三）灭火瓶（Extinguisher Bottle）

1. 海伦灭火瓶（Portable Halon Fire Extinguisher）

海伦灭火瓶适用于任何类型（A、B、C、D）的火灾。海伦灭火瓶喷出的是雾，但很快就被气化了。这种气化物是一种惰性气体，可以隔绝空气并将火扑灭。

2. 水灭火器（Portable H$_2$O Extinguisher）

水灭火器适用于一般性火灾的处理（A 类），例如纸、木、织物等，不能用于电器和油类火灾。

（四）卫生间灭火系统（Fire Extinguisher System in the Lavatory）

1. 烟雾报警系统

包括烟雾感应器和信号显示系统，可以及早发现突发的火情并自动发出警告。

（1）烟雾感应器：安装在洗手间内顶部，当洗手间内的烟达到一定浓度时通过它感应传给信号显示系统。

（2）信号显示系统：位于烟雾传感器的侧面，并通过它的感应传给信号显示系统，当烟雾达到一定浓度时，信号系统的红色指示灯闪亮，并发出刺耳的叫声，同时卫生间外部上方琥珀色灯闪亮。当需要关断信号系统时，按下按钮（传感器侧面）即可截断声音，关闭指示灯。

2. 自动灭火装置

在每个洗手池下面都有一个自动灭火装置，每个灭火装置包括一个海伦灭火瓶和两个指向废物箱的喷嘴，当周围达到很高温度时，两个喷嘴都将向废物箱内喷射海伦灭火剂。

知识拓展 8-2

客舱内各类火灾的预防和正确的处置

通常情况下，温度显示器为白色，两个喷嘴用密封剂封死。当环境温度达到 77~79℃时，温度显示器由白色变成黑色，喷嘴的密封剂自动熔化，灭火瓶开始喷射，当灭火剂释放完毕后，喷嘴尖端的颜色为白色。

案例分享 8-1

大连"五七"空难

图 8-3-3 灭火器

（五）防烟面罩（Smoke Hood）

图 8-3-4　防烟面罩

供乘务员和机组人员在客舱封闭区域失火或有浓烟时使用，它可以保护灭火者不受烟雾、毒气的伤害，保护灭火者的眼睛和呼吸道不受火和烟的侵害。

防烟面罩的氧气由面罩上的氧气发生器提供，当触发拉绳被断开后，发生器中的化学元素发生化学反应并释放出热量，使化学氧气发生器中的温度上升并与使用者呼出的 CO_2 反应，化学发生器开始工作，生产出氧气。

（六）应急发报机（Emergency Locator Transmitter）

用于在飞机遇险后，向外界发出救生信号。在紧急情况时可发射无线电频率，频率分别为民用 121.5MHz 和军用 243MHz。

图 8-3-5　应急发报机

应急发报机在海水中 5 秒钟后即可发报，在淡水中要 5 分钟后才发报。一旦接通，发报机将持续发射 48 小时，作用范围大约 350 公里。关闭时，将发报机从水中取出，天线折回，躺倒放在地上。在陆地使用时，周围不能有障碍物，不要放倒或躺放。

（七）救生衣（Life Vest）

救生衣位于每个座椅下的口袋里或扶手内，在水上撤离时使用。机组人员的救生衣为红色/橘黄色，乘客救生衣为黄色。

救生衣定位灯用于在夜间确定落水乘客的方位。当海水浸入救生衣中底部电池块上的两个小孔内，电池即开始工作，定位灯将在几秒内闪亮并持续亮8~10小时。

（八）防护手套（Asbestos Gloves）

当驾驶舱失火，为保证驾驶员能够操纵飞机时使用，或者在主货舱灭火时供兼职消防员使用，具有防火隔热作用。

（九）应急照明（Emergency Light）

1. 手电筒

用于指挥、搜索、发布求救信号等。从储藏位置取下后，手电筒会自动发光，通常可持续使用约4.2小时。

2. 应急灯

当驾驶舱内应急灯开关放在"ARMED"位置时，一旦飞机电源失效，所有飞机内部和飞机外部的应急灯自动接通，应急照明可持续15~20分钟。当驾驶舱的应急灯开关放在"ON"的位置时，所有应急灯都会亮。当乘务员控制面板上的应急灯开关放在"ON"的位置时，所有应急灯也会亮，并可操控驾驶舱。通常情况下应放在"NORMAL"的位置。

（十）安全带（Seat Belts）

安全带是安装在座椅上的一套安全设备，包括成年人安全带、婴儿安全带、乘务员用安全带以及加长安全带。在飞机滑行、起飞、颠簸、着陆的过程中以及"系好安全带"灯亮时，所有人员都必须系好安全带。

乘务员安全带由腰部（或腿部）安全带和肩部安全带组成，在乘务员折叠座椅下都有弹簧负载使其成垂直位置并装有限制装置。腰部（或腿部）安全带的固定器和在每个带子顶端装有惯性的卷轴肩带，在每个带子靠近腰部处装有金属调节扣，可用来调节与腰部（或腿部）安全带相连的肩带。乘务员安全带在不使用时必须收好，防止带子损坏及紧急情况下阻挡出路。

（十一）麦克风（Emergency Power Megaphone）

在紧急情况下指挥乘客的广播系统，可以在客舱内、外使用。

图 8-3-6　机载麦克风

（十二）救生斧（Crash Axe）

紧急情况时用于劈凿门窗、舱壁，救生斧把是可以耐 2400 伏电压的绝缘体。

（十三）安全演示包（Demonstration Equipment）

安全演示包里的物品包括乘客救生衣、氧气面罩、安全带、安全须知卡等，在飞行前必须检查是否在指定位置，包内物品是否齐全。

（十四）紧急出口（Emergency Exit）

紧急出口包括舱门和应急窗。舱门即地板高度出口，装有滑梯或救生船；应急窗即非地板高度出口，部分应急窗附带有滑梯装置。

（十五）滑梯（Slide）

根据机型的不同，滑梯可以分为单通道滑梯和双通道滑梯。单通道滑梯仅用于陆地迫降，水上迫降时可拆卸翻过来作为浮艇，双通道滑梯在陆地迫降时作为撤离滑梯使用，在水上迫降时作为救生船使用。

图 8-3-7 应急撤离滑梯

飞行前必须检查滑梯的压力。通常舱门打开后，滑梯自动充气；自动充气失效时，可以拉地板上的红色人工充气手柄。滑梯充气不足或不充气时，可使用滑梯底部两侧的手柄使之展开，作软梯使用。

（十六）救生船（Life Raft）

救生船包重量最少为 50~64 千克，用于水上迫降时撤离乘客。两个充气管分别位于船的上下两侧；断开手柄、人工充气手柄、缠绕好的系留绳，位于包装袋上一块颜色明显的盖布上。

救生船上所有的设备都有标牌以便迅速识别。救生船上的设备包括：天棚、海锚、钩形小刀、救生绳、定位灯、人工打气泵、救生包等。救生包里的物品有：生存指南、药品包、饮用水、海水手电筒、反光镜、信号筒、哨子、海水着色剂、修补包、化学安全灯棒、碘酒擦、压缩食品、水桶、海绵、驱除鲨鱼药剂、指南针、手套、桨、火柴、刀子、蔗糖、圣经和渔具。

三、驾驶舱内的应急设备

（一）石棉手套

石棉手套是用于驾驶舱失火时保证驾驶员仍然能够操作飞机仪表、操作杆和各种按钮的特殊用具，具有防火隔热的作用。因为在发生火灾的情况下，有可能所有的键盘、按钮都是灼热的，无法用手直接操作，戴上石棉手套后就可以避免手部烧伤进行正常操作。

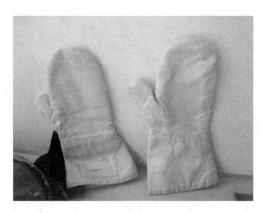

图 8-3-8　石棉手套

（二）救生斧

救生斧是在发生紧急情况时凿开舱门、洗手间、烤箱的设备。使用时从柜体内取出，完毕后要归位并固定。在发生劫机事件时也可以使用，但一定要谨慎小心地处理。

（三）救生绳

救生绳被固定在驾驶舱的舷窗旁，适用于紧急撤离时驾驶员的逃生用具。使用方法：当飞机停稳发动机关闭后，打开驾驶舱窗户，拉下救生绳，顺着窗户滑出机体。

（四）防烟眼镜

防烟眼镜同样位于驾驶舱，当驾驶舱充满烟雾时，用于保护驾驶员眼睛不受伤害，确保飞行员可继续飞行。使用时将眼镜的密封边紧贴在脸部，固定后用橡胶带套在脑后和氧气面罩一起扣在脸上同时工作。

驾驶舱的灭火瓶、救生衣、防烟面罩、手电筒的使用方法与设置在乘务员处的相同。

思考与练习

1. 请分别列出驾驶舱内设备、乘务员使用设备、旅客使用设备的种类。

2. 请列出乘务员客舱服务时的工作内容和技能要求。

3. 请说明客舱安全保障时乘务员的工作内容和技能要求。

4. 请列举应急处置时的技能要求。

5. 举例说明客舱内 5 种旅客设备及其使用。

6. 举例说明客舱内 8 种乘务员使用设备及使用要求。

7. 举例说明客舱内应急设备的使用要求。

学习效果检测

扫描下方二维码，检测你的学习效果。

08

学习检测

参考资料

国务院中央军委空中交通管制委员会，1994. 国际民航组织通信导航监视／空中交通管理系统［S］.

蒋作舟，2002. 中国民用机场集锦［M］. 北京：清华大学出版社.

李国，2004. 民用航空服务与运营管理［M］. 合肥：安徽文化影像出版社.

李涛等，2006. 民航航空机场地面服务实用手册［M］. 北京：中国民航出版社.

刘德一，2000. 民航概论［M］. 北京：中国民航出版社.

刘玉梅，2007. 民航乘务员培训教程［M］. 北京：中国民航出版社.

民航局职业技能鉴定指导中心，2005. 民航乘务员［M］（民航行业特有工种职业技能鉴定指定培训教材）.

民航局空中交通管理局，1995. 向国际民航组织通信导航监视／空中交通管理系统过渡的全球协调计划［S］.

诺曼·阿什佛德，H.P. 马丁·斯坦顿，克里佛顿 A. 摩尔，2006. 机场运行［M］. 北京：中国民航出版社.

王倜傥，2005. 机场竞争与机场经营［M］. 北京：中国民航出版社.

亚历山大·韦尔斯，2004. 赵洪元译. 机场规划与管理［M］. 北京：中国民航出版社.

姚峻，1998. 中国航空史［M］. 郑州：大象出版社.

张军，2005. 现代空中交通管理［M］. 北京：北京航空航天大学出版社.

张晓明，2007. 民航旅客运输［M］. 北京：旅游教育出版社.

民航资源网：www.carnoc.com.

中国民用航空局网站：www.caac.gov.cn.

相关航空公司、机场及航空企业官网.

图书在版编目（CIP）数据

民航概论 / 黄永宁，张晓明编著. -- 5版. -- 北京：旅游教育出版社，2022.3（2024.6重印）

民航空中乘务专业系列教材

ISBN 978-7-5637-4375-9

Ⅰ．①民… Ⅱ．①黄… ②张… Ⅲ．①民用航空－概论－教材 Ⅳ．①V2②F56

中国版本图书馆CIP数据核字(2022)第004496号

"十四五"职业教育国家规划教材

民航空中乘务专业系列教材

民航概论

（第 5 版）

黄永宁　张晓明　编著

策　划	李红丽
责任编辑	李红丽
出版单位	旅游教育出版社
地　址	北京市朝阳区定福庄南里 1 号
邮　编	100024
发行电话	（010）65778403　65728372　65767462（传真）
本社网址	www.tepcb.com
E - mail	tepfx@163.com
排版单位	北京旅教文化传播有限公司
印刷单位	天津雅泽印刷有限公司
经销单位	新华书店
开　本	710 毫米 × 1000 毫米　1/16
印　张	17.75
字　数	237 千字
版　次	2022 年 3 月第 5 版
印　次	2024 年 6 月第 4 次印刷
定　价	39.00 元

（图书如有装订差错请与发行部联系）

Memo ...